ISATIS

Patrick Sébastien

ISATIS

roman

Denoël

9, rue du Cherche-Midi, 75006 Paris
ISBN 2-207-24570-5
B 24570-6

D'abord c'était comme une autobiographie, avec des portraits d'intimes et des colères aussi. C'était réel et puis, au début du chapitre cinq, c'était la dame au roman de gare qui avait tiré le signal d'alarme. Et le train s'était immobilisé. Des têtes jaillirent aux fenêtres des compartiments. On courut dans les fougères humides. Le contrôleur et deux hommes remontèrent le long des wagons en trébuchant sur les cailloux durs.

« À cinq cents mètres, là-bas en contrebas.

– Vous le voyez ?

– Non... »

1

Édith

Le collier de perles de la Riviera scintille. De la fenêtre de l'*Eden Roc*, palace encastré en bord d'Antibes, on aperçoit cent clignements de réverbères lointains. Cannes, Mandelieu, La Napoule, de l'autre côté d'une mer grise, me font de l'œil. Une impression de mouvements lumineux permanents, illusion de distance, vient susurrer à mon âme bleue de coups que ce ballet d'étoiles ordonnées, au garde-à-vous devant les boulevards du bord de mer, n'est qu'un mirage.

Beauté d'éloignement contemplatif. Mais en zoomant à mi-mer déjà le scintillement s'éteint. Ne reste qu'un alignement de points brillants, immobiles, encore sans attache.

Zoom supplémentaire. À portée de cri de bateau. Et déjà on devine quelques supports : les rochers. Et de vagues poteaux soutenant des lucioles immobiles, de plus en plus espacés.

Dernier zoom d'accostage. Des réverbères. Rien que

des réverbères. De l'E.D.F. monté sur acier, les lucioles. Des ampoules banales sous chapeaux tristes, les étoiles. Un alignement régulier espacé de loin en loin, de ferrailles enluminées du haut, le collier de perles de la Riviera.

C'est qu'on a raison de le surnommer comme ça, le contour de côte de la ville du festival. De loin, d'où je le regarde, on l'imagine rivière de bijoux au cou de la nuit.

Et puis un réverbère. Un seul d'encore plus près. À son pied, deux papiers gras. Sur lui des urines de chiens riches. Un peu plus haut un cœur raté au couteau. Une affichette « Votez Le Pe... ». Sans n. Mais avec rage. Arrachée. Et au sommet l'énorme ampoule de sa coiffe fientée d'oiseaux de passage.

De ma fenêtre de l'*Eden Roc*, place privilège des gagnants de la vie, j'observe mon paradoxe : un parcours scintillant ruisselant de strass, de brillant cathodique, de sueurs érotiques emperlant des visages mannequins livrés chair nue à mes caresses, des jetons de casino, des voitures rutilantes, des amis princiers, des chefs de tout, des chèques à six yeux, du luxe, de la luxure, de la chance, des sourires, des voyages, de la passion et de la gloire.

Et puis zoom après zoom, de mi-distance au plus près du miroir : un homme, tout simplement : MOI !

Réverbère souillé, étiqueté, couteau au cœur, la tête enrubannée de déjections de passage. Tu parles d'une couronne !

Je vais vous raconter l'existence d'un poteau lumineux, planté sur ciment gris sale, qui de loin en loin passait aux yeux d'un enfant émerveillé pour la perle scintillante d'un collier de rêve.

Je m'appelle Patrick Sébastien. Je suis riche et célèbre. Je luis... Mais si vous saviez...

Les ongles plantés dans le bois, ma mère se tord de douleur. Son ventre enflé de moi la déchire. Des vrilles fulgurantes.

« J'ai trop mal !

– C'est normal, il faut payer votre faute ! » laisse tomber l'aide sage-femme, froide.

Et l'assistante de mise en vie, sage c'est sûr, femme sûrement pas, tourne les talons. Elle méprise, elle condamne, elle est la main de dieu. Dieu n'accepte pas qu'une fille de dix-huit ans tente de mettre au monde un enfant dont on ne sait pas le père puisque aucune alliance ne brille au doigt de celle qui va donner la vie.

Elle a eu du plaisir. Eh bien, qu'elle paye ! Dieu ne tolère pas l'amour buissonnier. Dieu, c'est une église d'abord, un consentement d'abord, et l'œuvre de chair après. Voilà ce qu'elle sait ! Voilà ce qu'elle se dit, l'assistante de mise en vie, depuis vingt-quatre heures qu'elle entend gémir ma mère.

Vieille carne, infâme crapaud de bénitier, engoncée

dans des siècles de puritanisme assassin. Moi, l'enfant placenté au fond de ma caverne d'eau, je sais que ma vie ressemblera à tout sauf à la tienne.

À genoux comme les prostituées gourmandes, je t'imagine triturer ton chapelet débitant des Notre Père d'usine, mécanique et fière. Amidonnée de vertu, demandant pardon de ce que tu n'as même pas commis ! Suppliante de ne pas te laisser succomber à la tentation. Ainsi soit-il !

Ainsi donc serai-je. Dressé farouche contre cette ignominieuse force noire qu'est la bêtise déiste.

Si dieu existait, je serais né le 13 novembre 1953. Pas le 14 après des heures de souffrances en trop. Je suis né à 12 h 30. C'était un samedi.

J'ai raté la messe. Tant mieux !

L'aventure commence. Pas seulement mon aventure personnelle, mais aussi l'aventure de ce livre. Entre les derniers mots que j'ai écrits : « J'ai raté la messe. Tant mieux ! » et ceux qui viennent, beaucoup de choses se sont passées.

D'abord, environ trois semaines. Le temps pour moi d'accepter de passer de l'écriture manuscrite à l'écriture tapée. Pas par goût, mais par obligation. Bien que je n'aie jamais beaucoup aimé ce matraquage digital qui consiste à frapper un clavier gris et froid pour y imprimer des sentiments pastel.

Je trouve le contact de la plume et du papier tellement plus charnel. Et pourtant me voilà tapotant de la main gauche pour voir apparaître sur un écran fade mes urgences d'écrire. Morne grisaille d'un alignement d'imprimerie sans caractère. Mes petits carreaux de cahier d'écolier me manquent. Seule la pomme entamée arc-en-ciel de bas de cadre éclaire un peu la monotonie de mon champ de vision.

Ces digressions analytiques à propos de mon aversion pour le Macintosh doivent paraître bien dérisoires à tous ceux qui, écrivains du vite et du pratique, tapotent l'« Écossais » sans état d'âme. Mais que voulez-vous, mon bon monsieur, il se trouve que je suis profondément allergique au progrès. C.D., portable, Internet, vidéo, me servent, m'envahissent, mais me navrent.

Mais, bon ! je tape donc je suis. Et en l'occurrence je suis tellement pressé de vous raconter mes mésaventures que j'ai dû me résoudre à la « souris », bien résolu quand même à reprendre la plume dès que les multiples fractures de ma main droite ne seront plus qu'un bon souvenir.

Bon et non pas mauvais souvenir !

Car autant la douleur est vive et le handicap insupportable, autant les circonstances de cet accident viennent à point nommé pour corroborer l'essence même de ce livre : LE HASARD FAIT TOUT, ET VIVRE CONSISTE À S'EN ACCOMMODER.

D'abord les faits : hôtel *Eden Roc*, mercredi 9 octobre, 6 h 15. Je viens de refermer le cahier à carreaux après avoir posé le premier jet de ce livre, rassuré d'avoir enfin enclenché le processus d'écriture après de longs atermoiements...

« J'ai raté la messe. Tant mieux... »

Je referme les immenses rideaux de tissu sur la baie vitrée, éteignant du même coup le collier de perles. Puis du fond de mon lit je télécommande mon « dormifuge de l'aube » : « La chance aux chansons. » Rediffusion tardive des après-midi nostalgiques et liftés de l'enchanteur d'hospices.

J'adore imbiber mes instants d'avant sommeil de ces mélodies désuètes.

Ainsi le passage du vivace au néant se fait en douceur et logique puisque cette émission est si crépusculaire ; coincée entre vie et trépas, amorphodynamique ; gesticulante de jeunesse colorée tapant des mains sur du prêt-à-mourir.

Aux derniers accents d'accordéon, mon cerveau repu de rien, je peux enfin éteindre, sûr du sommeil immédiat.

Parce que, depuis que le petit est mort, tu sais, je ne peux plus éteindre sans être certain de dormir tout de suite.

Comme je fais partie de ces gens que la moindre lumière réveille, je décide, en plus des rideaux de tissu, d'actionner le grand volet roulant électrique afin d'avoir une obscurité parfaite.

Je presse donc la poire située à la tête de mon lit. Les

rideaux de tissu étant fermés, je ne vois pas le volet descendre, je l'entends juste se dérouler jusqu'au bout, le clic-clac de son emboîtage, puis le silence, informant mon oreille de la fin de la manœuvre. Cette fois, l'obscurité devrait être totale.

Cependant, une fois la lumière éteinte, il me semble encore apercevoir la lumière artificielle de la grande terrasse prolongeant la chambre derrière la baie vitrée. Je rallume, me lève et traverse la grande chambre. J'écarte les longs rideaux de tissu. Et je constate que, derrière la vitre, le volet roulant est resté bloqué à environ un mètre du sol de la terrasse. Une inoffensive chaise, dont un infime bout du dossier s'est « par hasard » trouvé sur la trajectoire et a immobilisé la lourde mécanique.

Quelquefois, on aimerait, comme au cinéma, ralentir nos actes le temps de se crier : « Non, surtout ne fais pas ça ! » Hélas, le propre d'un réflexe est de porter en lui la fulgurance. Et le temps de s'apercevoir que ce que l'on fait est stupide est beaucoup trop long pour éviter de le faire !

Stupide en effet de vouloir retirer la chaise... Un fracas. Et puis une douleur abominable.

L'énorme volet de quatre mètres sur deux, au poids surmultiplié par la puissance électrique retenue, m'emporte la main et me l'écrase au sol !

Le pouce, heureusement, seul le pouce ! Mais dans quel état ! Broyé, giclant son sang en un long flot. Putain, la douleur ! Stridente. À vomir...

Vite, appeler à l'aide. Le téléphone sonne dans le vide. Blanc. Je le raccroche, rouge. Sang. Emperlée, la moquette. Affolant, mais esthétiquement réussi, le rouge sur le gris.

Le reste, c'est la course dans les longs couloirs.

Et cette sensation étrange de décalage. Trop de luxe. Ce genre d'hôtel respire tout sauf la souffrance.

Pauvre veilleur de nuit voyant débouler nu l'artiste de la télé ensanglanté, lui hurlant, en lui lançant ses clés de voiture, de le conduire au premier hôpital.

Et puis les urgences de cet hôpital où on est tout sauf pressé. Et puis radios. Une autre clinique. Anesthésie. Opération. Broches. Et là, pendant qu'il me répare, le garagiste du doigt, on entre dans le vif. De mes chairs et du sujet.

Je ne peux pas m'empêcher de repenser aux derniers mots jetés sur la feuille avant que le volet vienne m'écraser la main. Celle qui avait écrit : « J'ai raté la messe. Tant mieux ! » Comme une punition. Ou un message, mais lequel ? « Arrête d'écrire », ou au contraire : « Continue. » Tu voulais démontrer la force du Hasard, je t'aide, mais cesse de m'appeler Hasard. Appelle-moi dieu comme tout le monde. Et s'il te plaît, même si tu n'es pas bien habitué au clavier, écris mon nom en majuscules.

Désolé, Hasard, mais pour l'instant je continue à t'appeler Hasard, même si je redoute à chaque instant que l'« Écossais » ne m'explose dans les mains.

J'en rajoute, croyez-vous ? Pas encore, mais je vais en rajouter. Je vais vous raconter toutes ces coïncidences, que d'autres appellent des « synchronicités », qui jalonnent ma vie de réverbère.

Parlons-en justement des réverbères. De ce paradoxe du début qui vous peint ma vie collier de perles et urine de chien. C'est le volet qui descend sur la vue scintillante qui me fait redevenir réverbère haché par une douleur animale et banale. Doigt d'éboueur coincé dans sa benne à ordures, de boucher sous son hachoir, de forgeron entre le marteau et l'enclume.

Tout cela ne serait que l'illustration du propos de base de ce livre – « Derrière les paillettes, je suis un homme comme les autres » – s'il n'y avait en plus la MALÉDICTION qui fait de moi un cobaye rêvé pour les futurs docteurs en « mystico-réalisme ».

MALÉDICTION. Un bien grand mot ! me direz-vous, si l'on s'en tient aux quelques sutures digitales liées à quelques railleries antidéistes.

J'en conviens, mais laissez-moi quand même vous conter quelques étrangetés que je laisserai ensuite à votre cartésianisme le soin de juger troublantes ou fortuites.

PIAF... Si vous saviez comme ces quatre lettres me sont dures à taper !

Si vous saviez l'étrange sensation de malaise indéfinissable qui s'empare de moi au moment précis où j'écris.

Si je vous dis que je redoute à l'instant un appel téléphonique m'apprenant une mauvaise nouvelle, ou un cri quelconque dans ma maison endormie, ou une douleur subite juste parce que j'ai écrit ces quatre lettres, vous allez me juger fou ou quelque chose d'approchant.

Et vous auriez raison, parce que vous ne savez pas! Mais je vais vous dire.

PIAF. Comme un oiseau. De malheur. Petit bout de plume noire en robe de ténèbres. Poursuivie par la mort des autres. Cerdan, Sarapo... Tragique jusqu'au bout de son destin et même au-delà. Patrick Dewaere suicidé en pleine préparation du film *Édith et Marcel*. Et puis toutes ces histoires qui courent. La robe d'elle offerte à Brialy (pas pour la mettre, pour la conserver!), synonyme de sales nouvelles de décès chaque fois qu'il a voulu la montrer à quelqu'un.

Et Jacques Martin qui vous confirmera que dès qu'à l'Empire quelqu'un ose interpréter une de ses chansons, il y a chute de projecteur ou cassage de jambe, ou autre incident... Et puis tout ce qui va suivre...

Cela commence de manière tout à fait ordinaire, presque drôle, par un voyage Brive-Caen, en voiture, à l'automne 1976. Une cassette de Piaf dans l'autoradio et la route est belle. *Emportée par la foule*... Un radar! Trop tard. Tant pis.

Cent kilomètres plus loin : un autre! Re-trop tard. Re-tant pis. Et puis un troisième! Re-re-tant pis!

Arrivée à Caen. Je dois faire un spectacle en première partie de Michel Sardou. Ce sera la seule fois de ma vie où je ne trouverai jamais l'emplacement du spectacle. À l'époque je n'ai pas de secrétaire, vu l'heure tardive, personne à joindre au téléphone, et quelques passants bien incapables de me dire où se trouve l'homme qui a immortalisé en bloc le *France*, sa mère, le bac G et le soutien politique à remords !

Que faire alors, sinon trouver un petit restaurant ?

« Moi j'essuie les verres au fond du café », gueule la Piaf dans mon autoradio.

Le temps de trouver le petit resto... Il ne faut jamais se garer sous un arbre qui abrite des pigeons dysentériques ! À ma sortie de l'auberge, ma voiture blanche était devenue gris fiente. Rerere-tant pis. Vite, une station de lavage.

« Désolé, monsieur, la machine est en panne, voilà un gant, faites donc ça à la main ! »

Et dans le poste de radio du pompiste mal-aimable de Caen : *Allez venez, Milord.*

Là, un léger soupçon de porte-poisse commence à s'insinuer. Mais ce rapprochement me porte juste à sourire.

Un mois plus tard, toujours sur la route, je rentre d'un spectacle à Charleville-Mézières. Toujours Piaf en cassette.

Arrivé au premier feu rouge de Champigny, je coupe

la cassette pour mettre la radio. Tiens, quel hasard ! « La fille de joie est triste au coin d'la rue là-bas » sur France Inter !

Mais au coin de la rue d'ici, pas de fille de joie. Un simple chauffard du samedi qui passe allégrement du rouge « gros » au rouge « feu ». Énorme carton. Cervicales touchées. Direction hôpital Sainte-Camille de Bry-sur-Marne. Le diagnostic est terrible. Fracture et peut-être paralysie. Je pleure. Franchement, à ce moment-là, je ne pense pas à Piaf. Une nuit d'enfer... Plus marcher ? Plus faire l'amour ?

Au matin, je suis traîné de couloir en couloir jusqu'à la salle de radiographie où un toubib goguenard vient m'annoncer tout sourire que « en fait c'était une poussière sur la radio, quelques jours seulement pour l'entorse mais rien de grave ».

Dilemme : éclater sa gueule ou de rire ? Allez de rire, c'est mieux. Et encore plus quelques instants plus tard quand l'infirmière de service me couchera en me disant : « Ne gesticulez pas comme ça. Hier dans ce lit, il y avait un type qui avait la même chose que vous... Eh bien, il est mort ! »

En rire, c'est ça, en rire !

Et puis la solitude. Et l'affreuse peur de l'irréversible estompée, soudain une pensée lancinante. Un raisonnement que l'on repousse justement au nom de la raison.

Piaf... Encore Piaf. Bon, je n'en parle à personne mais plus de cassette dans la voiture.

Et puis quoi, nous sommes quelques mois plus tard, l'accident n'est qu'un mauvais souvenir et face à moi dans une station-service de Châteauroux, Piaf en cassette. J'aime sa voix, son âme. Sois pas idiot, garçon ! Radar, pigeons, chauffard, tout ça c'est du quotidien, du quelconque, pas du surnaturel. Allez, prends ! Je sors de la station, à peine cent mètres, « le ciel bleu sur nous peut s'écrouler »...

Deux explosions ! Les deux pneus droits ont éclaté ensemble... Cette fois, c'est terminé. Non seulement plus de cassette, mais je tournerai le bouton chaque fois que j'entendrai le moindre son de sa voix. Je lui fous la paix, elle ne me fera plus rien. Depuis ce jour-là, je l'ai évitée chaque fois que j'ai pu. La raison a parfois repris le dessus. Alors un peu de Piaf dans mes émissions. Au début je dis non. Et puis par bravade, allez on tente. Le constat est là : aucune émission avec un bout de Piaf n'a marché !

Et puis ce souvenir obsédant. Été 1986 : Carmaux. J'accompagne Fanfan, ma future femme, Coco girl en spectacle en première partie de Thierry Le Luron. En arrivant, dès notre sortie de voiture, nous entendons une voix lointaine. Thierry répète une nouvelle voix : *Allez venez, Milord*... Je raconte à Fanfan... Elle sourit.

C'est la dernière fois que je verrai Thierry vivant. Il meurt le 13 novembre 1986. Si dieu existait, crapaud d'aide sage-femme, ç'aurait été mon anniversaire !

MALÉDICTION, je te disais. Je suis certain que, même

après tout ça, vous trouvez encore le mot trop fort. Pas moi, non, pas moi, surtout depuis le 15 juillet 1990.

Le *Copacabana*, boîte de nuit de La Grande-Motte, ruisselle de rires, de musiques, de filles. Il est assis à la table des potes, parce que c'est mon pote. C'est mon fils aussi, ma chair, mon frère, mon tout. Je l'aime de toute la force de nos dix-sept ans d'écart, de toute ma fierté de le sentir si fort, si beau, si sain ! Il va me faire grand-père dans sept mois. Le salaud. Je le touche, l'étreint, renifle encore son odeur de cuir et d'homme, et il part.

« Fais gaffe, surtout !

– T'en fais pas, je rentre peinard à Avignon chez Mouloud. »

Une sonnerie de téléphone... Une autre...

« Qu'est-ce que c'est que ce bordel ? J'avais pourtant dit au mec du Novotel de ne rien me passer avant quatorze heures... Il est quelle heure, là ? ... six heures...

– Allô...

– C'est Jean-Louis.

– Quel Jean-Louis ?

– Le beau-frère de Guizzy, la femme de Seb.

– Et alors ?

– Sébastien a eu un accident.

– Quoi ?

– ...

– C'est grave ?

– ...

– Mais putain réponds !

– Écoute, on n'est pas sûr que ce soit lui... On n'a pas retrouvé de papiers...

– Et alors ?

– ...

– Alors, putain !

– ... Alors, si c'est lui... Il... est mort... »

Et la terre a tremblé si fort... si fort... Et puis tout ce que je ne vous dirais pas parce qu'il m'en voudrait... J'en tremble encore. Mettez ce que vous voulez sur les pointillés... Mais laissez-moi me défouler.

Je m'adresse là à toutes les ordures qui ont osé salir mon chagrin.

À ceux qui ne m'ont jamais laissé le temps de respirer. À ces juges anonymes me condamnant pour avoir quand même chanté ce soir-là.

Qu'est-ce que vous connaissez de la douleur, de ses remèdes, de la survie ?

Ignobles et sordides humains pourris. Je vous insulte parce que je ne peux pas vous frapper. Si vous saviez comme j'ai envie souvent de vous arracher les yeux avec les dents.

Sachez qu'à l'heure d'aujourd'hui, comme le reste de toute une société pervertie par la médiocratie, j'hésite encore entre l'extrême amour et l'extrême violence. De toute façon, nous allons fatalement vers l'un ou l'autre. Pour l'instant, j'ai encore un pied dans l'amour. Mais je sens que je glisse. Et qu'est-ce qui peut me retenir? Vos jalousies, vos mensonges, vos assassinats permanents de liberté, d'honneur et de droiture. Je crains bien de n'être que le tout modeste écho d'un séisme qui gronde... Allez, fin du couplet... Je me fais du mal...

Laissez, ça va passer... « Ça ira, ça ira », comme elle chantait l'autre, encore...

Dans la cabine téléphonique du Novotel, ce matin du 15 juillet 1990, je suis en communication avec la police.

« Pouvez-vous venir reconnaître le corps à la morgue ?

– ... Pas la force... Peux plus faire un pas... Et puis je veux garder l'image...

– Mais enfin, il faut être sûr.

– Décrivez-le-moi...

– O.K... Attendez... Châtain... 1,80 m environ... Il porte un pantalon de cuir... DES BOTTES DE MOTO... UN BLOUSON AVEC UN AIGLE SUR LE DOS ! »

Putain, la chanson. Encore et encore. Je m'en veux de n'avoir pas remarqué. Je sais bien que ce n'est pas ça. Que ça ne peut pas être ça. Mais le doute... Toujours le doute...

Et puis, tiens, pour finir le chapitre, c'est à des années-lumière de ce que vous venez de lire mais c'est aussi authentique.

Quand je me branche sur Pascal Sevran, à l'*Eden Roc*, après avoir insulté dieu (toujours et surtout pas de majuscule pour toi sur le clavier) et juste avant de me faire exploser la main, vous savez ce que c'est la dernière chanson de l'émission, juste avant que j'éteigne ? *Mon Dieu*, d'Édith Piaf...

Tu vois, enfoiré, pour elle, j'ai retrouvé mes majuscules... Alors tu vas me faire quoi maintenant ? Nous sommes le 29 octobre 1996. Il est 3 h 45. On sait jamais, comme j'ai de la route à faire, ça ferait une belle fin...

Et puis, si Piaf ne te suffit pas, envoie-moi Lama. « C'est mon ami et c'est mon maître. » Quinze ans avant la mort du petit, il avait sorti une chanson intitulée : *Le 15 juillet à 5 heures.*

C'est la date et l'heure de l'accident !

Les passagers éparpillés commençaient à dégouliner de l'express, s'interrogeant des yeux, des mots, des gestes. Sans panique. Et le bruissement de l'incident commença à s'insinuer d'oreille en bouche, virevoltant des bas-côtés affolés, au fond des compartiments où des stoïques de nature avaient à peine relevé le nez de leur journal...

Et la dame au roman ânonnait encore et encore « l'air froid qui l'avait saisie » quand il avait soudain ouvert la vitre, et qu'il s'était envolé, sans cri, là-bas à la sortie du tunnel juste après Masseret...

2

Angèle

Donc *bâtard*, je disais, juste avant de crier pouce!

On en était resté à la maternité de Brive, maman et moi mis en marge, et plus même : cobayes, paraît-il! Servant de terrain de recherche pour potions médicamenteuses destinées aux accouchées de peu.

« De peu » à double sens pour la récence du fait et l'estime dans laquelle les médecins d'alors tenaient les filles mères fautives.

Eh oui! on expérimentait à l'époque sur ces filles-là quelques antiseptiques et autres médications improbables en se disant que, ma foi, s'il y avait incident, le mal serait moindre.

Il n'y eut pas incident, si ce n'est que je tiens peut-être aujourd'hui mes tares et mes dons d'une contre-indication.

Peut-être dois-je à ces toubibs foireux mes facilités d'imitation, mes obsessions sexuelles, mes allergies violentes à tout dirigisme. Peut-être sont-ce eux qui m'ont fait, autant que mon géniteur.

De toute façon, ni eux ni lui ne méritent ces quelques lignes. Les premiers en raison de leur bêtise, le second à cause de sa lâcheté. Il ne m'a pas reconnu, un point c'est tout. Ça ne fait pleurer personne à part ma mère et moi. Pas la peine de s'attarder!

Juste le temps de dire que je regrette de ne pas avoir eu le trait d'humour et de génie de ce grand peintre fou qui, bâtard aussi, dès qu'il fut en âge de s'extraire quelques gouttes de sperme en se masturbant, les mit dans un flacon, puis les étiqueta à l'adresse du père ingrat, accompagnées de ces mots : « Maintenant nous sommes quittes ! »

Angèle était une grand-mère de luxe.

Attention, pas du genre embaguée, stretchée, joggée, U.V. et micheton à trois balles comme j'en vois tant et tant dans les salons d'aujourd'hui !

Pas la liftée coquette, balladurienne, au petit chien-chien Belmondo en guise de compagnon, en courses au Carrefour de la porte d'Auteuil quand même !

Pas la mémé pognon du casino de Deauville, bien en fourrure parce que bien fourrée dès sa belle jeunesse par un millionnaire de l'époque pré-risolienne sans roue multicolore à faire tourner.

Il m'arrive souvent de les contempler avec compassion, desséchées de trop de Seychelles, hautaines du cul, regard morne et méprisant, toisant la poissonnière quelconque du haut de leurs basses âmes, vendues, puantes pis que morues, décomposées de suffisance.

Quand je les croise au hasard d'une table de black jack, d'un dîner en ville, d'une sortie en taxi avec chauffeur à casquette sans carreaux, je me les clic-clac en arrêt image.

Stop. Rewind. Vingt ans : fraîches. Avaleuses de vieux sexes mous comme pour s'injecter le virus de leur aboutissement. Écartant leurs pattes de jument pour se faire parsemer de poulains pensionnables en cas de divorce. Mettant bas comme on défèque, à la turque. Et tirant la chasse à fric façon bandit manchot.

Stop. Forward. Et les voilà abouties, la soixantaine masquée quarante – qu'elles croient. Cinquante-neuf et demi à vue de lift. Grand-mère mamy avec un y, prenant le dernier-né à pleines bagues le temps d'un baiser furtif, le reposant au berceau parfumé Nivéa Chanel. Et puis l'inondant des joujoux du père Noël des riches, qui passe aussi le 25 décembre, comme les autres jours d'ailleurs, pour pouvoir dire à sa voisine de brunch : « Vous vous rendez compte, il a tapé le fax tout seul. Il n'a que trois ans : " mamie je t'ème. "

– Il y a tout de même une faute.

– C'est vrai, il ne maîtrise pas bien le y... »

Mémé Angèle, elle, c'était le vrai luxe.

Une alliance comme seul bijou, une ou deux robes de

chez personne. De vrais cheveux blancs. Et puis de vraies rides au front. Le lifting a été inventé pour celles qui n'ont pas de sueur à empêcher de couler dans les yeux !

Avec ma mère c'est elle qui m'a élevé. Au véritable sens du terme. Élevé. Monté. Grandi. C'est ça, elle m'a grandi, de nain d'âme à grand pur. Ses honnêtetés, ses courages, ses détresses, ses mains bleues de lessives, de ménages chez les autres... Grand-mère paratonnerre. Si la foudre doit tomber, qu'elle épargne mes petits.

Angèle fit cinq filles, faillite, mon éducation et mon bonheur.

Je n'ai jamais su si elle buvait par goût, dégoût ou orgueil.

Mon grand-père, propriétaire de la boulangerie, ruiné par sa générosité de guerre, bradant son pain, fut contraint de céder son commerce à son propre frère, alors son employé.

Il s'y fit, en parlant de plus en moins. C'est à ce moment-là qu'à mon avis Angèle dut chercher dans le vin ce que Gabriel, mon grand-père, trouvait dans le silence.

Pendant ce temps-là, moi, petit bonhomme malvenu, mais accueilli à cœur ouvert, j'ai toujours pris les silences comme de la sagesse, et les bouteilles de vin comme de précieux colis à ne surtout pas renverser, quand je les rapportais du bistrot d'en face, sous l'œil rassuré de quelques voisins, confortés comme il se doit, dans leur supériorité, de la presque déchéance des autres.

Déjà, j'avais compris que l'être humain peut être ravi d'une simple fuite d'eau sous son propre toit à condition que son voisin, lui, soit inondé.

Petite vanité de village, qui à l'échelle de la société nous dessine l'impasse permanente : pourquoi tenter de réduire la misère de certains tant qu'elle participe du bonheur des autres ?

La sournoise, perfide compassion trichée de ces voisins d'alors a peut-être été le déclic de mon aversion pour ces pleureurs humanistes à double face.

« Mon dieu, quelle misère de voir ce petit porter ce vin ! » se disaient entre elles les vieilles carnes espionnes aux fenêtres cachées.

« Je pense bien », répondait du volet entrebâillé la fenêtre d'en face. Mais chacun s'en rassurait, priant « l'autre » chaque dimanche en l'église de leur épargner le delirium, l'insolvabilité, une fille d'usine engrossée à la va-vite, et cet enfant insolent osant (eh oui, déjà !) leur jeter des regards de revanche chaque fois qu'il sentait suinter leur mépris.

Quarante ans déjà et ma prescription les rejoint, morts ou oubliés, et si la plupart des habitants de ce village furent indifférents voire affectueux, la minorité cul béni, charognarde, ancra dans ma mémoire des constatations définitives : « L'enfoiré des campagnes vaut bien l'enfoiré des villes ! »

Écologique ou urbain, il y a toujours un œil derrière un rideau caché qui pleure de la larme sucrée.

Pour bien comprendre un homme, il faut lui renifler l'enfance.

Mon aversion pour les jugements en tout genre qui tourne parfois à la parano, ce sont les yeux aux fenêtres.

Ma perpétuelle angoisse c'est l'abandon paternel.

Ma générosité naturelle, c'est ma mère. Tout entière. Avec peut-être, exemple de synthèse, cette belle histoire plantée entre le simple fait divers et la beauté absolue des sentiments, quand les gens ordinaires se mettent à jouer Burton Taylor en Quotidiorama, le grand cinéma du tout-venant.

Car elles fleurissent partout ces marguerites de sang effeuillées passionnément, au fond d'un bar ; d'une charcuterie, d'un H.L.M.

Avec, en filigrane hérissant, l'infâme supériorité élitiste des Grands Intelligents. Ceux qui du haut de leur savoir acquis, de leurs cent vingt mètres carrés meublés épouse Louis XVI, pensent que leur histoire d'amour à eux a beaucoup plus de qualité et beaucoup moins de vulgarité que l'histoire d'amour du charcutier qui va au bistrot avant de rentrer dans son H.L.M.

Jurez que c'est pas vrai, vous qui vous insultez presque en latin. Vous qui mettez des majuscules à SALOPE, quand le charcutier y met trois *o* et des points d'exclamation.

Salooope ! Le voyez-vous hurler sur un trottoir de nuit. Et puis l'inutile avalanche de coups de gueule, de griffes… Les arcades ouvertes, les larmes de sang… Les hurlements de chiens.

Et vous, de la fenêtre de l'auto qui vous conduit ce soir-là à un week-end de chasse en Sologne, vous contemplez avec dépit et presque dégoût les déchirés d'un trottoir de La Motte-Beuvron.

Et le temps que le feu repasse au vert, vous repartez vers votre résidence solognote, l'habitacle de la Mercedes rempli de non-dit. Rassurés de votre différence. Persuadés que l'homme a des étages et que le dernier avec terrasse a bien plus de raisons d'exister que le rez-de-chaussée.

Vous vous « accouplez » quand eux « forniquent ». Vous éliminez vos toxines par sudation quand eux puent la sueur. Marie-Clothilde fait des gâteries, et Raymonde pompe des queues. Raymonde s'est fait tringler, et Marie-Clothilde assouvira dans une valse charnelle ses besoins d'ailleurs !

Et d'ailleurs c'est dans ces certitudes quatre-étoiles que vous trouvez la justification de votre existence « absolument nécessaire » quand la leur n'est que tolérée.

Il faudra bien un charcutier pour faire du pâté avec le sanglier que vous allez assassiner demain.

À l'heure qu'il est le sanglier protège ses marcassins quelque part dans un sous-bois solognot. Demain il servira de lien entre un chasseur embourgeoisé et un charcutier amoureux. Du tueur à l'artisan. Du grand au petit. D'une société qui décide à une société qui subit. Attention, tueurs d'élite, un jour les charcutiers malheureux feront du pâté de tête de vos cerveaux trop lourds. Et ils donneront vos cœurs mous aux chats maigres.

Je n'avais que trois ans quand l'histoire est arrivée, mais il me souvient d'un vague journal et du nom de maman dans la rubrique Faits divers. Il n'y a pas de rubrique tendresse dans les journaux de province.

Maman aimait un homme. Sa peau, son âme, ses mots. Maman avait vingt ans. Lui plus. Et une femme aussi. Et une famille. De celles qui font des conseils.

Et qui en donnent. Et quand les conseils ne suffisent pas, ils interdisent. Ils renient.

Et lui n'avait que faire des conseils, des interdictions. C'est dire si elle l'aimait.

Il l'avait choisie elle. Elle plus moi, le petit paquet cadeau. Alors bien sûr, maman se serait contentée de ça, s'il n'y avait pas eu le petit paquet à nourrir. Alors, amour bien sûr... mais pas eau fraîche. Ça bouffe un petit paquet.

Il ne voulait pas qu'elle travaille. Il la voulait pour lui seul. Jaloux bien sûr. Propriétaire d'elle. Propriétaire d'ailes, comme tant ils sont à croire que l'oiseau libre peut croiser un autre oiseau et oublier de rentrer au nid.

Rien de tout cela dans sa tête à elle. Rien que ça dans sa tête à lui.

Alors, mère d'abord comme elle le fut toujours, elle décida d'aller travailler... Lui, évidemment, le vivait mâle. Homme... Fier... Boule de doute en plein ventre...

Maman bosse et lui souffre. Alors un soir de plus de peur, un soir d'en plus pouvoir, l'auto s'arrête dans un chemin creux...

Était-elle préméditée la bouteille sur le siège arrière ?

Elle frappera plusieurs fois maman à la tête. Puis les doigts de l'homme se refermeront sur sa gorge.

Zoom arrière sur un chemin de pluie : une femme geint près d'une voiture ouverte dans un fossé. L'homme dessus l'étrangle. C'est ce qu'aperçoit un passant providence. L'homme s'affole. Remonte dans sa voiture et démarre en trombe.

« Ça ira ?

– Laissez, c'est rien », répond-elle.

La voix est usée. Le corps meurtri. Le sang coule.

« J'appelle les gendarmes...

– Non, c'est pas la peine.

– Si, il faut. »

Et elle sait bien que, qu'est-ce qu'ils peuvent y comprendre les gendarmes ? Elle n'a pas mal. Elle a peur. Elle le connaît si bien des larmes et du ventre. Elle sait, elle sent. Elle est sûre qu'en ce moment il est en train de se faire à lui ce qu'il ne voulait pas, malgré les apparences, lui faire à elle.

« Vite, allez chez lui, hurle-t-elle aux gendarmes abasourdis, empêchez-le de se faire du mal... Vite, je l'aime...

– Mais, il vous a...

– Je l'aime. »

Les gendarmes trouveront le gaz ouvert. Entre la vie et la mort. Juste entre. Entre ses remords et son amour. Coma passionnel. Aux portes d'un deuil familial ulcéré. Et d'une déchirure éternelle pour maman...

Et puis non finalement. Pas de deuil... Et transfert direct de l'hôpital à la prison...

Quand maman sera convoquée là-bas, elle croisera son regard... Il lui avouera plus tard que ce regard fut l'instant le plus fort de sa vie. Ce premier regard après le « crime », il le craignait tant. Le reste, il s'en foutait. Le juge, la prison.

Non, la peur des yeux noirs, éteints ou méprisants ; et il fut sublime ce seul regard échangé. Comme un soleil énorme. Limpide, amoureux, brillant. Il savait qu'elle avait déjà pardonné. Mieux même, c'était un regard de chair, d'âme, de besoin, d'envie...

« Donc vous ne voulez pas porter plainte ? »

Est-ce qu'on se plaint d'aimer si fort, si grand, si généreux ?

Au procès, elle mentira que c'était elle qui l'avait provoqué, poussé à bout. Pendant tout le jugement, ils se tinrent la main des yeux. Au point que le brave juge, en souriant, leur demanda s'ils ne souhaitaient pas qu'éventuellement la justice leur réservât une chambre à l'hôtel pour la nuit. Ils sourirent... Six mois ferme.

Et moi, trois ans avec sursaut. La nuit. Parce que je cauchemarde déjà ces cintres d'armoire de maman sans habit d'homme. Et le lancinant cortège des regards lourds, encore et encore...

Alors loin d'eux, je fuis aux prés. Aux herbes, aux ruisseaux. Et ceux-là vont me faire de si beaux frissons que même aujourd'hui je ne respire bien que près de mes arbres, de mes cailloux.

Pauvres non-voyants, ceux qui m'habillent à présent chaque jour du lourd costume vulgaire de fêtard grossier, de macho violent, d'infâme cracheur de postillons gras. Je la sais bien, moi, ma vérité.

Ma passion du vent d'automne qui bouscule les triangles d'ocre, jusqu'à en faire mille bateaux sans dérive à la surface des étangs, feuilles perdues à nervures sanguines que mes rêves suivent pendant des heures. Je sais m'embarquer des yeux dans chacune.

Et puis cette eau pâle des matins d'été, croassante et bruissante. Et si étonnamment figée, piquetée de bonds de carpes à fleur de roseaux.

Mon âme, mon vrai, mon pur, sont là...

Seul, face aux fumées d'eau, aux brumes langoureuses, aux martinets et aux hirondelles réveille-matin qui défont du bout du ventre un pan du miroir à chaque caresse.

Je suis un enfant des berges, un fils du sol, de l'argile, du terreau, de l'herbe à vache.

Et comment voulez-vous que je n'étouffe pas aux plâtres repeints, aux moquettes neuves, aux murs ravalés, aux filles de fer, aux hommes de béton, aux vapeurs des sens : obligatoires, interdits, uniques, giratoires ; aux bruits des perceuses, des marteaux, des mots trop forts, des cris des boulevards, des mangeoires des villes...

Chaque jour à quatre heures, Angèle frottait l'ail sur le pain. Le thé des pauvres. Et Angèle tricotait des pullovers mal taillés. Ses doigts se croisaient, se croisaient, se croisaient.

Le 31 décembre 1978, il est quatre heures, et ses doigts tricotent, tricotent, tricotent. Le délire est en train de l'emporter aux pays des grand-mères mortes.

Je pleure seul près du lit. Elle, les yeux perdus, tricote encore en balbutiant des mots sans lien.

Elle part. Je reste. Enfin le grand Patrick reste. Le petit meurt avec elle.

J'ai vingt-cinq ans, et pourtant à chaque « quatre heures » de mes retours chez nous, elle me frottait l'ail.

La chambre d'adieu sent le buis, le prêtre, l'abandon.

« Me laisse pas, tu sais. Je suis tout grand de succès déjà, de Paris, de lits humides, de comptes en banque ; mais les orages, mémé-paratonnerre, les orages ? »

Et cette nuit-là j'ai perdu l'arrière-grand-mère de mes enfants, la pluie qui mouille pas, le froid qui mord pas, la digue de mes larmes.

Elle m'avait donné lorsque je suis monté à Paris une pièce de un franc porte-bonheur. Le seul argent qui pour moi ait une véritable valeur. Les autres francs par millions de plus tard, n'ont été qu'un moyen, une urgence, une vilaine carotte à faire avancer mon ventre vers mes pieds et mon cerveau vers le vide.

Ma véritable richesse, c'est un franc. Celui-là, que j'ai toujours et que j'emporterai quand j'irai m'allonger au-dessus d'elle, allée des Platanes, où elle repose près du petit.

Elle repose là mais travaille chaque jour auprès de moi. Je le sais.

Mon rêve de petit paquet de dix-douze ans avait une forme de ballon de rugby. J'avais le sommeil ovale. Je fumais le H des poteaux du stade en me disant qu'un jour peut-être, là-haut à Paris en finale...

Je suis devenu président du club de Brive en 1995. La saison permettait d'accéder à deux finales : celle du challenge Yves Du Manoir et celle qui conduit au titre suprême, le Brennus. Deux finales ! Deux rêves absolus de petit paquet à sa mémé. Deux Graal. Le C.A. Brive a participé pour la première fois de son histoire à ces deux finales la même année... Le 27 janvier et le 1er juin...

Ma grand-mère était née le 1er juin !

Le 27 janvier c'est la Sainte-Angèle...

À une trentaine de mètres de la sortie du tunnel, l'herbe était froissée et les arbustes rares pliés. Le contrebas portait les traces de la chute. Une poche de manteau. Une chaussure plantée dans la boue.

Les eaux d'automne avaient grossi la rigole. Allongé sur le ventre, un pied nu et un bras dans l'eau, il semblait somnoler.

Le contrôleur trébucha et le bout de sa glissade vint heurter la jambe sans chaussure.

Les deux hommes qui le suivaient prudemment le relevèrent.

La peur du très grave les paralysa un bref instant, et l'un d'eux se pencha au plus près du visage... Il respirait...

3

Olivier

Vous allez peut-être me croire funéraire chronique, mais celui-là aussi fait partie de mes plus là, de mes perdus, de mes morts subits.

Comme si cette putain de faux ne s'acharnait à vous prendre que les essentiels : fils, grand-mère, meilleur ami. Coups de sabre en rafale.

Mais finalement, qu'est-ce donc, sinon trois infiniment petits points dans l'immensité de la grande moisson quotidienne ?

Qu'est-ce donc, ces trois-là dans le grand déluge journalier des morts de faim, de soif, de guerre, de route ?

Un moustachu de moins, mon Olivier, mon *alter* égal, mon frère de laid, de beau, de rire, de tout. Bien dérisoire la perte de mon bon gros, à l'heure où Mitterrand vient de passer, où des prix Nobel, des présidents, des stars laissent le vide que l'on sait, que l'on cite, que l'on érige.

Point de monument pour mon frère et demi, point

de citation, si ce n'est à l'ordre du mérite amicole, gloire posthume et méritée pour ce chevalier des arts et litres, officier de la légion donneur.

Oserons-nous conter, sans crainte de choquer sa descendance, les multiples audaces, mises en scène, scandales et gauloiseries en tout genre de ce faiseur de farces dont le mauvais goût parfois n'avait d'égal que le regard intelligent et terriblement détaché qu'il portait sur la charognerie de ce bas monde ?

Olivier était vulgaire par pudeur, grossier par défense et cynique par désespoir. Nous partagions sans retenue la vision amère, généreuse et lucide du grand Dard, qui nous avait enseigné par livres le dégoût des vrais cons, l'aversion pour les moches du cœur, l'amour des Bérurier, des Félicie, et le vomissement du moindre conformisme.

Ma blague préférée, c'est l'histoire de deux potes qui s'envoient tous les soirs à six heures un whisky chacun, au comptoir du coin. Un jour, l'un des deux part au bout du monde se faire une autre vie. Et celui qui reste, tous les soirs à six heures, vient au comptoir commander et boire deux whiskies : le sien et celui de son pote, en souvenir et fidélité.

Signe de ces amitiés qu'aucune femme, aucune dette, aucune Afrique lointaine ne peut détruire.

Et puis un soir de pluie, la porte du bar s'ouvre sur un visage défait.

« Et deux whiskies, deux, lâche le barman, perroquet journalier sans faille d'une commande invariable.

– Non, répond l'homme triste, un seul. »

Il le boit. Et le barman, témoin de promesse, intermédiaire depuis toujours de la belle amitié, soudain se fige. Tragique.

« Ton copain est mort ? »

Et l'autre relève ses doux yeux d'ami à mort pour lancer, tant fier de tant de fidélité.

« Non, mais moi, je ne bois plus ! »

Quand de son vivant Olivier achetait un San Antonio, il en achetait en même temps un autre pour moi. Aujourd'hui que je n'ai plus le temps de lire, j'en achète un. Je le lui porte en secret sur sa tombe, lui lis la dernière page pour le faire râler.

Et puis je quitte la sale dalle qui m'empêche à jamais ses yeux dans les miens, le laissant seul avec les quelques tickets de Millionnaire que nos autres potes farceurs lui laissent hebdomadairement en guise de fleurs.

Olivier et moi, ça commence dans la cour du lycée Cabanis de Brive, un beau jour de mai 1968.

Nous avions l'un et l'autre quatorze ans, et les échos des soubresauts du Quartier latin partis de Paris « révolution » nous atteignirent cinq cents kilomètres plus loin dépréciés « grève de fainéants »... Parce que, en fait, cet immense mouvement de dépaveurs plagistes et de voitures brûlées nous parvint bien évidemment, mais dénué de toute sa verve.

Là-haut, c'était la lutte prolétarienne pour une société

meilleure par cerveaux universitaires interposés. Ici, c'était surtout la superbe occasion de sécher les cours en fumant des clopes !

Moutons de Panurge, le cul posé par centaines dans la cour baignée d'un soleil de flemme.

Et surtout, pour bien être dans le ton, nous bêlions des « Vive Krivine. À bas l'oppression, Trotski avec nous », parce que les cheveux longs des grands de dix-huit ans nous impressionnaient christement. Ils étaient nos messies qui multipliaient les heures sans profs, changeaient l'eau en bière et nous faisaient apôtres d'une gigantesque cène où on bouffait des Mars ! Et Judas était celui qui n'aurait pas compris que la grande révolution était en marche. Pouvoir dire merde à son père, écrire sur les murs, écouter Jagger, Dylan, et surtout, surtout : bronzer en mai !

Nous avons été, nous les lycéens d'alors, pour la plupart, otages d'un ruissellement dont nous étions les gouttes essentielles en toute inconscience.

Et combien y en a-t-il de par le vaste monde de ces mouvements de colère populaires unanimes qui se nourrissent d'inévitables « Allons-y, puisque les autres y vont » ?

Ne me croyez surtout pas réac en diable, en m'écoutant fustiger mes dieux d'alors, mais l'honnêteté me force à reconnaître que bien peu d'entre nous avaient conscience du bien-fondé de nos culs de plomb, belote en main, à la verticale assise des banderoles revendicatives accrochées aux fenêtres béantes des classes vides.

Ou alors, quoi ? Une révolte contre les règles en fer qui frappaient les doigts, le ras-le-bol des mises en rang, ou la haine rentrée contre d'anciens colonels en retraite, forcenés du double emploi, qui nous enseignaient l'histoire ou la géographie comme le lancer de la « grenade def »...

Tout ça pour, trente ans après, voir les mêmes salles de classe gronder d'insultes à « niquer leur mère », exploser de violence au cran d'arrêt, s'engorger de professeurs sous Témestat, rabâchant des cours sous vide à des bouffeurs de Quick, pressés d'en finir de ne rien apprendre, pour se vomir incultes et sans illusion sur le marché du prêt-à-pleurer.

C'est vrai qu'en m'y regardant, du loin de mes quarante-trois ans lucides, assis dans cette cour sans savoir pourquoi, je regrette.

Pas de m'y être assis, mais de ne pas avoir saisi la belle occasion de tout foutre en l'air...

Comme je leur en veux à ces Geismar, Cohn-Bendit, de ne pas avoir eu l'envergure des vrais Che... De s'être fait voler leur beau projet de séisme total par leur peur du trop loin et leur besoin de meubles.

Le tremblement de terre n'eut que trop peu de force sur l'échelle de riches terres. Peut-être notre pays n'était-il alors pas assez pauvre, puisque la majorité silencieuse dans un formidable élan de conformisme égoïste plébiscita le Général en chèvres, et le troupeau français regagna la bergerie.

Et dire qu'ils me croient gaullien, gouvernemental et ordre nouveau ! Moi que la seule perspective de l'explosion universelle réjouit à n'en plus pouvoir. Moi qui n'ai de rêve absolu que l'extermination définitive de toutes les sortes de mainmises.

Mais d'ores et déjà sachez que j'ai plus d'indulgence pour les ficeleurs de mains et d'idées à visage découvert que sont nos gouvernants de tous bords que pour les « fangeux ».

Les « fangeux », ce sont les pires que pires. Ils sévissent aujourd'hui en meetings, médias, conseils municipaux, associations multiples.

Fangeux. De boue. Couchés. Cachés, dans des journaux, des partis, des pellicules d'art et d'essai, des manifs humanitaires, des cocktails de compétitions où l'on confond Picasso et pique-assiettes.

De gauche par obligation d'excuse. Arborant les mots de Jaurès, pour s'autoamnistier de leurs saloperies fascisantes. Incapables d'amour.

Ils vomissent Le Pen en public et les Noirs en privé. Ils sont de toutes les causes à défilé, avant de rentrer dans leurs appartements à doubles serrures, protéger leur frigo plein à ras bord de la faim dans le monde.

Les escarres de leurs culs de singes lâches, plantés dans leurs fauteuils placenta, zappant la télé qu'ils disent haïr. Télécommande ombilic les reliant à la mère qu'ils détestent. Ce monde en images qui vit, rit, baise, aime sans eux. Aigres mous, gras souvent, ils s'empiffrent à chaque tablée de délations, de ragots de moutons, bêlant contre les parvenus, comme nous bêlions en mai 68 contre les profs sans Témestat.

Ils pétitionnent pour Malik Oussekine et appellent les flics au moindre tapage nocturne de jeunes en fête. Ils vomissent Lagaf et son téléphone à fric, et offrent des tickets de loto pour Noël à leurs enfants. Ils soutiennent Sophie Marceau dans sa croisade promotion annuelle, et tuent au couteau les rats qui grignotent leur fric au Black planqué dans leur cave sans vin.

Beaucoup d'entre eux étaient sûrement assis avec nous dans la cour ce jour de mai 68. Ceux-là n'ont jamais compris qu'ils ne savaient pas pourquoi. Ils sont restés toute leur vie persuadés de leur authentique utilité.

Comment leur faire comprendre par la suite qu'il n'est de pire médiocrité que d'ériger celle des autres en paravent de la sienne ?

Ce jour-là, Olivier, que je ne connaissais que de loin, se fit remarquer bien à son insu. Alors que nous lézardions, près de cinq cents, dans la douce torpeur grève-tarots-gauloises de la cour du lycée, une grosse auto s'arrêta de l'autre côté des grilles.

Le père d'Olivier en surgit, vif et calme à la fois. Il traversa sans dévier le pêle-mêle des jambes et cartables, le regard fixe et dur.

Le murmure général se fit presque silence au point

que tous entendirent la voix sûre de M. Guillot père, succédant au bruit sec de la paire de gifles donnée sans haine, mais avec force :

« Je ne te paye pas des études pour que tu fasses grève... »

Et dans un silence, cette fois total, le fils suivit son père tête haute.

C'est la première image forte que j'ai eue de celui dont je ne savais pas encore qu'il deviendrait mon essentiel, puisque même en écrivant, trente ans plus tard, je sens la brûlure de ces gifles sur mes propres joues.

À la fin de la première, Olivier et moi passons haut la main la première partie du bac avec, chacun, dix-sept de moyenne à l'épreuve de français.

Hélas, double convocation de nos parents chez le proviseur d'alors. Pour Olivier, gros problème de discipline ; pour moi, il était inacceptable qu'un élève père de famille et marié continue à polluer l'établissement.

Car, depuis le mois de septembre 1970, j'ai épousé, convolé, pris pour femme, enfin toutes ces formules qui s'accommodent mal, à l'époque, du statut de potache, fût-il appliqué.

La sanction est la même pour nous deux. Malgré nos excellents résultats, il est décidé que nous devrons redoubler, avec le désir caché de la part de ces ayatollahs de nous voir renoncer et nous jeter au plus vite dans la vie active.

Déjà, le jour où le petit était né, j'avais eu droit à un échantillon gratuit de ce que la bêtise autoritaire peut avoir de plus représentatif.

Il était né un samedi vers cinq heures du matin, mon petit bout de moi. Sans patience. Sans problème. À peine une cigarette et demie écrasée dans le gros cendrier de la maternité.

Et puis, à peine le temps de lui dire bonjour la vie, et les médecins m'avaient conseillé de laisser la maman se reposer. Je n'avais qu'à repasser à midi, après l'école, qu'ils m'avaient dit. Avec ce sourire sûr et crétin des convaincus de tout. Certains que mes dix-sept ans seulement ne pouvaient que faire le malheur du petit poussin éclos du jour, et qu'un ex-acnéique de peu avait à peu près autant de compétence pour la paternité qu'un escargot pour la course à pied !

Et les yeux aux fenêtres me virent partir en Solex vers mes chères études.

« Boutot, pourquoi n'avez-vous pas fait votre devoir ?

– Ma femme a accouché cette nuit.

– C'est pas une raison, vous viendrez en retenue pendant quatre heures dimanche !

– Mais mon gosse ?

– Vous le verrez lundi. »

Super connerie de bas étage. Fourberie de tapins ! Prostitués de l'Éducation nationale. Fonctionnaires désagrégés en mathématiques élémentaires ! Un plus un égale trois.

Elle, moi et le petit poussin contre le monde entier. Administration conne et clones ! Professeurs pro-fessée, censeurs sans cœur, proviseurs provisoires ; n'ayant d'homme que le vocable indicatif, possesseur de cœur en autoviager, à n'utiliser qu'à leur propre mort pour nourrir quelques vers de terre amateurs d'abats rances dans les cimetières pour crevures !

Tout ça déjà, plus la volonté de m'éjecter du lycée, me donna l'envie de promettre à M. Marty, proviseur, que dans quelques mois, sur chaque coussin sur lequel il poserait son vieux cul, il y aurait mon doigt. Olivier promit d'y ajouter le sien.

Et nous décidâmes de redoubler, soit, mais de préparer le bac en candidat libre, histoire de claironner bien fort, si nous l'avions, que la terminale ne servait à rien, et qu'un proviseur avec deux doigts dans le cul, ça fait amende honorable ou ça siffle le chant du départ.

Nous avons eu le bac et la satisfaction de voir M. Marty (frère de Monseigneur le célèbre, eh oui !) baisser les yeux qu'il avait déjà bas devant nos sourires arrogants de réussite.

Cette seule humiliation nous combla, et même si le vieux grigou ne quitta pas ses fonctions, nous savions, l'affaire ayant fait grand bruit, que chaque fois qu'il traversait la cour, c'étaient nos deux doigts plus mille de lycéens goguenards qui lui servaient de plumes de paon vexé !

Il vous semble peut-être que je n'ai croisé dans cette aventure du côté du corps professoral que des infirmes infimes et infâmes. Évidemment non, et si je me devais de rendre à César ce qui appartenait à ces ânes, je dois quand même vous citer deux exceptions auxquelles je dois pour l'une une reconnaissance bienveillante, et pour l'autre peut-être un choix de vie qui m'a suivi jusqu'à aujourd'hui, et qu'on pourrait résumer ainsi : « Le futile est indispensable, le sérieux n'est qu'une masturbation accessoire, voire cliniquement dangereuse. »

Mon exception première est cette femme qui me fit passer l'oral d'histoire-géographie. Dès l'entrée en tête-à-tête, je la sentis hautaine. Je la flairai prête à massacrer le candidat-père-nargueur-libre que j'étais, au nom de l'affront digital promis et ébruité dans toute l'académie...

Et puis surprise, ô divine surprise :

« Pourquoi passez-vous cette épreuve en candidat libre ?

– Ben, m'dame... Voilà. Je me suis marié, j'ai fait un enfant, et le proviseur ne veut pas d'homme marié dans " son " établissement. »

Le regard fut lourd, froid, puis étrangement perçant et ne lâcha jamais le mien pendant le dialogue qui suivit, sauf au moment d'inscrire les notes récoltées.

« Histoire d'abord. Contre qui la France se battait-elle en 1940 ?

– ... Ben... L'Allemagne.

– Géographie maintenant. Où se trouve l'Ukraine ?

– En U.R.S.S.

– Très bien... 16 pour l'histoire, 16 pour la géographie. Au revoir, monsieur Boutot, et soyez heureux ! »

Et mon pronostic peau de vache qu'une sincère générosité avait transformée en jolie fleur, me fit toujours dès lors écouter la chanson de Brassens avec un doux pincement à l'âme.

L'autre exception, je l'ai croisée en avant-bac. Bien avant.

On l'appelait « Tonton ». C'était un être qui se composait d'une tête, mais pleine, avec un nez, mais rouge, un corps, mais las, des mains avides de verres de whisky et de cartes de poker.

Un professeur de philo... Un vrai... Exilé de Paris... Plein de souvenirs... Et de regrets aussi...

« Les feuilles mortes se ramassent à la pelle, tu vois je n'ai pas oublié... »

On n'a jamais su ce qu'il n'avait pas oublié, mais qui le faisait boire.

Les autres profs l'avaient classé iconoclaste pour les plus tendres, ou ivrogne raté, honte de l'Éducation nationale pour les plus fangeux.

Normal qu'il nous ait pris sous son aile, Olivier et moi. Lui poivrot vicinal et nous randonneurs de chemins de traverse. Si loin des nationales d'éducation et de leurs bas-côtés bornés.

De jours en nuits, il nous a enseigné la philo accoudé au zinc. La philo du bac d'abord, celle avec laquelle tu peux avoir 10, la moyenne, ça suffit. Et puis l'autre, celle qui nous a faits mon pote et moi, siamois de vin, d'âme, de vie.

« Vous savez, les petits, j'ai plus appris en lisant la vie de Maurice Chevalier que dans Kant ou Spinoza. »

Alors on a lu Kant et Spinoza, et puis on a chanté *Ma pomme*, en buvant du jus d'elle, macéré, très macéré. Et on est devenus grands, grands. Comme lui qui, debout, touchait le bar du menton.

Il avait du Blondin, du Fallet, du Audiard dans chacune de ses œillades tristes sous paupières de plomb. Il nous a faits à dix-sept ans singes en hiver à qui on n'apprend pas les grimaces.

Et à chaque remontée du Yang Tsé-kiang, Olivier Gabin et Patrick Belmondo ont bu des verres à la santé de Tonton l'initiateur.

Aujourd'hui, ma phrase de chevet est du grand Dard, mais qui sait si Tonton ne la lui a pas soufflée de son au-delà : « Je suis un vieux fœtus blasé, ma vie m'aura servi de leçon, je ne recommencerai plus jamais. »

Et, bac en poche, nous voilà inséparables, Patrickolivier, pion dans un lycée agricole. C'est là, entre jardin et amour, fleur et destin, que je conclurai mon chapitre frère dédié à mon inoubliable.

Parce que l'Olivier des vingt années suivantes, c'est celui de Patrick Sébastien : un secrétaire ami, homme à tout faire, poussant l'honnêteté jusqu'au phénomène de foire, et la solidarité jusqu'à pleurer mes larmes.

Treize semaines premier du top 50, chanteur de hasard et de kermesse, motard inconscient et insolent !

Trop long, trop fort, trop nous ces vingt ans d'ensemble pour les disséquer ; et puis ça ne vous apprendrait rien de plus sur *moi*, alors que ce que je vais vous raconter vous laissera une si belle image de *lui*...

Cette histoire d'amour et de Hasard, je l'avais déjà racontée dans *Au bonheur des âmes*, mon livre d'avant, mais sans dire qu'elle était arrivée à *lui*... Je la dédie à ses petits, et à sa Marie-Louise absolue et absolument héroïque.

Cette Laurel sans Hardy, enceinte pour la vie d'un homme exceptionnel. Pleine de ses humours et de ses droitures. Et lui dire à elle, son île, que sans l'aventure que je vais raconter, elle ne l'aurait peut-être jamais croisé.

Et d'ailleurs, me souffle-t-il à l'instant au creux de l'oreille, je n'aurais jamais supporté qu'une autre qu'elle soit ma veuve...

La belle histoire débute en 1971. Olivier aime. Il aime la moto... Et une fille aussi... Alors la fille ultimatum se cabre : « Ce sera la moto ou moi... » Il choisit la moto, évidemment !

Pourquoi évidemment ? Demandez-lui... Moi, il m'a dit : « La moto évidemment... »

Alors...

Et puis, quand même, les deux amoureux se donnent une dernière chance.

« Écoute, Patrick, on s'est donné rendez-vous ce soir sur le pont de Bordeaux à minuit... Si elle vient, on recommence et on se marie, sinon, plus rien, plus jamais... Sa vie, la mienne et je boirai beaucoup... Beaucoup. »

Quand il est revenu du pont de Bordeaux, bredouille d'elle, cette nuit-là, il a commencé à boire beaucoup. Beaucoup...

Quelques années plus tard, moi artiste, lui secrétaire, nous passons devant la maison qu'il sait qu'elle habite avec mari et enfants...

« Tu veux qu'on sonne ?

– Pourquoi pas », répond-il.

Elle ouvrira presque sans surprise apparente. Les gosses jouent dans les jupes. Le mari est là. Gentil. Il propose d'aller chercher à boire. Et disparaît... L'a-t-il fait par pudeur ?

Une joie de gosse criards et heureux. Moi blaguant, parlant réussite, show-biz, souvenir de trois amis.

Et tout à coup elle et lui fixes. Le regard droit. Le

silence lourd. « Maman, j'ai foif. » Elle n'entend plus... Elle d'abord :

« Pourquoi tu n'es pas venu ?

– ... Comment pourquoi *je*... Attends, pourquoi *tu* n'es pas venue ?

– Mais... Je suis venue...

– Sur le pont de pierre ?

– Non, tu m'avais pas dit le pont d... »

Et là, un énorme tonnerre de silence. Quelque chose de lourd, d'effrayant. Le rien qui suit toujours l'écroulement de tout. Le hurlement intérieur, sans mot, sans cri, sans clignement. Deux statues plombées plein cœur.

Qui les a fait se tromper de pont, de vie, d'enfant ? Qui ?

Le mari qui revient de la cave, bouteille généreuse à la main ? Les enfants qui sans ce ratage ne joueraient pas sur la moquette ? Marie-Louise qui me lit, si indulgente de tant d'impudeur ?

Histoire d'amour, de fou, de Hasard qui d'un malheur exceptionnel a fait des bonheurs ordinaires : elle et l'autre et leurs enfants, vraie famille, unie d'amour et tant mieux.

Marie-Louise et ses deux pin's de lui si tant merveilleux, qu'il faudrait toujours se tromper de pont !

Merci, la vie, merci, Hasard...

Et moi... Et moi... Et moi...

Tiens le revoilà, Dutronc sans majuscule... Non ? ... Comment déjà... Ah oui, dieu ?

Écoute, tu m'as volé mon pote un sale jour de mai 93, sur la route entre Châteauroux et Limoges. Sa fille, à l'arrière, s'est juste cassé la clavicule, mais elle a tout vu.

Et l'ami d'à-côté, tu l'as cloué à vie dans un fauteuil, décervelé, impotent. Dans les faits divers, ça fait un mort et un blessé grave.

Tout ça à cause d'un chauffard venu on ne sait d'où, qui zigzaguait devant la voiture de mes plus chers. Bourré le chauffard.

Alors si c'est toi, connard, bois un coup de plus à la santé de ceux qui restent. Dieu abject ! Excuse-moi, mais la majuscule c'est parce qu'il y a un point avant. Faut pas confondre reconnaissance et ponctuation.

Jeannot, le pote du siège passager, il ne pense plus, il ne chante plus, il ne rit plus... Mais il pleure... Depuis quatre ans presque... Légume et peut-être même moins... Fracassé dans sa chair, son cortex... Anéanti... Et toi qui nous persécutes depuis deux mille ans pour trois malheureux clous, et un tract au-dessus de la tête... Pauvre mec, va ! Je peux le dire puisque je suis prétendument à ton image...

Allez, conneries tout ça. Avec ou sans majuscule, ça n'est pas, ça ne peut pas être toi... Ben forcément puisque toi tu es amour... Ou alors revois ton service communication.

Tiens, prends Séguéla, chaque fois que je l'entends, j'ai l'impression que c'est lui qui t'a fait...

Non, franchement, Hasard, je préfère...

Et puis aussi, tenez, le vert... le vert couleur maudite dans notre métier.

L'hôtel dans lequel je couche le soir de ma prestation au Festival du rire de Rochefort, en Belgique, est vert. Mais vert, vert. Les murs, les draps, les rideaux, les serviettes, les taies d'oreiller. Tout est vert. J'ai passé ma soirée à disserter avec le patron de ses goûts pour moi porte-poisse et pour lui esthétique juste !

« Ne soyez pas superstitieux comme ça. Tout ça c'est des conneries !

– Je ne crois pas.

– Ben dites donc, vous allez mal dormir. En plus l'hôtel est une ancienne église. »

Là, le tonnerre s'est mis à gronder. Un gros orage.

Vous pouvez tout vérifier : Rochefort, Belgique, Festival du rire, orage, hôtel tout vert, ancienne église... 19 mai 1993.

J'ai très bien dormi.

Et puis, au matin, Francis et Jean-Pierre ont surgi dans ma chambre vert de verte.

« Olivier s'est tué cette nuit... Un camion. »

Olive.

Je t'aimais d'un amour pour de vrai. Tu me manques la peau la moustache et les yeux qui regardaient avec des sourcils au-dessus qui se fâchaient des fois. Je regrette que des fois souvent j'ai pas bien été trop gentil. Mais souvent c'est que tu conduisais trop avec la vitesse au plancher. Et aussi le café trop chaud que tu apportais sans demander de ma part mais trop chaud.

Aujourd'hui j'ai plus personne, plus de mur à qui m'appuyer pour pleurer ou quand ma femme elle me quitte encore mais pas toujours la même.

Et puis aussi des jours d'avant qu'on a faits ensemble personne il y était alors à qui je peux plus dire nos souvenirs ?

J'ai très mal aussi là dans le ventre au fond parce qu'on fera pas comme on avait dit toi et moi les vieux sur un banc qui rigolent.

Pourtant à Brive au stade on voit bien sur le toit des tribunes le cimetière d'où je suis pendant les matchs. Et des fois quand les autres y vont marquer je regarde où tu es en pensant très fort, et ça y est, ils marquent pas.

Pour de vrai j'ai quatre ans. Je suis né le 19 mai 1993. Y paraît que c'est ce jour-là l'accident il t'a eu. Bon, je te quitte là, parce que j'ai le sommeil qui me prend, les yeux qui piquent, ou autre chose peut-être...

D'autres passagers arrivèrent en grappes. Agglutinés prudents et curieux, ils regardaient d'en haut les deux hommes mettre le corps sur le dos.

Le visage strié de griffes de ronces était paisible. Une grosse plaie au-dessus de l'œil gauche l'ensanglantait jusqu'au col... Il geignait un peu, les yeux clos...

Au loin, à fond de brumes, derrière des chasseurs de passage, on apercevait la nationale 20.

Et partant d'elle, une petite route, où déjà clignotait la voiture rouge des secours...

4

Martine

Le président Pompidou m'a donné l'autorisation de me marier en juillet 1970.

La lettre était postée du fort de Brégançon, lieu de villégiature estivale traditionnelle de nos chers « big chiefs ». Mes seize ans d'alors m'interdisant toute noce sans l'accord préalable de l'autorité suprême.

Je reçus donc, rassuré, mon droit d'avoir la corde au cou, comme d'autres recevaient encore plus soulagés celui d'échapper à la guillotine...

Une histoire de cou... Encore... Comme mes bras autour du sien, monté sur gorge haute, dégoulinant de cheveux blonds, ronde et saine.

Martine... dix-huit ans... Les bords de rivières, les fourrés et les granges nous prêtaient chaque samedi leurs draps de paille et d'herbe.

L'amour que l'on faisait était simple, sans complication gymnique...

À peine me souviens-je avoir confondu parfois étreinte et performance.

Mais la Martine, c'était mon lac ! Et si j'y ai enfoncé ma barque lourde, il me plaisait surtout de lui caresser l'onde, de m'allonger aux berges d'elle attentif et patient, d'enfouir ma tête dans ses roseaux cheveux et plonger mes deux mains dans son frais pour la laper sourire et tranquille.

Nous avons fait un enfant d'oiseaux. En sifflant après.

Je n'ai jamais vu des moineaux l'un sur l'autre comme on peut croiser des chiens ou des singes. Je les ai toujours imaginés bec à bec, emplumés bien chaud, pépiant gais au cœur d'un ventre d'arbre mort. À l'abri des chasseurs.

Comme nous deux, fuguant dès que nous connûmes la belle nouvelle du ventre rond à venir... Nos parents nous retrouvèrent blottis, nous deux et le petit bout de trois, tremblant de peur des réprimandes... Mais, par bonheur, les braves gens ne font pas de mal aux oiseaux qui s'aiment...

Après la naissance du petit piaf (Tiens, je l'ai écrit sans y penser), j'ai tout de suite voulu mon nid à moi... Alors a commencé ma guerre d'indépendance...

Dix-huit ans, une femme et un gosse à nourrir, étudiant en lettres, joueur de rugby, pion dans un lycée agricole, fonctionnaire smicard, levé à cinq heures couché à minuit, week-end beaux-parents, 4L à crédit, poisson Findus à chaque repas, vingt-cinq mètres carrés, canapé convertible, vacance en bungalow pas cher de début septembre à Marseillan-Plage, deux jeans, un costume pour communion, rangé dans l'armoire comme moi, naphtaline, et heureux...

Il m'aurait fallu beaucoup d'imagination pour me projeter vingt-cinq ans plus loin.

Quarante-trois ans, donc, une compagne de trente ans après trois mariages, huit vies en commun (avec, entre autres, une Germano-Picarde, une Martiniquo-Bretonne, une Portugo-Portugaise, une Mexicano-Tourangelle et une Hispano-Dass).

30 disques, 3 000 spectacles, 10 Olympia, chevalier des Arts et Lettres, ami du Président (aucun rapport, c'est Lang qui me l'a donnée, la décoration) ; président d'un club de rugby au plus beau parcours de son histoire * ; 200 émissions de télévision fabriquées, dont le concept de certaines sévissent à l'autre bout du monde.

L'émission record absolu d'écoute : « le Grand Bluff », où déguisé j'avais piégé même ma propre mère.

L'émission record absolu de scandale : « Osons », ma préférée.

Levé à midi, couché à six heures, Mercedes 500, la plus belle du monde, palaces, casinos, restaurants gastronomiques.

Ayant réussi tout ce qu'il a voulu... Et malheureux...

* *N.d.E.* : depuis l'écriture de ce livre, le C.A. Brive est devenu champion d'Europe de rugby.

Malheureux surtout et avant tout du mépris quotidien de ceux qui me jalousent l'auto, la femme, la maison, le succès.

Comme dans ces colonnes de journaux où, que ce soit pour mes activités télévisuelles ou sportives, on me traîne dans la boue, on m'insulte, me prête des comportements et des appuis que je n'ai même pas... Alors que le criminel le plus commun a droit au simple compte rendu sans aucun jugement de valeur.

Le réverbère a mal, le réverbère est tordu d'injustices, de trahisons, de délations. Le réverbère voudrait s'enfoncer dans le trottoir de la Riviera, pour ne plus être lacéré, fienté, uriné... Mais le réverbère sait qu'il ne doit qu'à lui seul le fait d'avoir voulu briller... Que c'est trop tard, qu'il restera planté là quoi qu'il en soit...

Que la rouille commence déjà à le ronger... Et qu'il regrettera à jamais de n'être pas resté ce qu'indiquent les quatre premières lettres de son nom : un rêve. Avec le petit chapeau sur le premier *e*... Circonflexe comme celui de papier qu'on met sur le toit des enfants pour les protéger du soleil. Papier journal à naviguer aussi, petites barques de faits divers et résultats des courses, pliures de presse pour voyager sur des mares à canards.

Mon petit Sébastien a un an, et sur la mare à canards je lui ai inventé des petits navires, qui n'ont ja-ja-jamais navigué, avec les pages du quotidien régional.

Martine tricote, le soleil est tendre, Zola est étendu à

côté de moi, *Assommoir* à étudier pour la fac de demain lundi. À ce moment-là aucune envie d'être réverbère. Professeur de lettres ou avocat, écrivain peut-être.

Mais quoi, vous dites « comique » ? Me faites pas rire... En faire ma profession ?... Ça va pas, non ? Bon d'accord, j'aime bien rigoler un coup, mais faire le « gras du rire en public », mis à part une imitation de De Gaulle dans une communion solennelle, merci bien !

Non, je suis un mélancolique, moi, un caché, un solitaire. Et puis je ne veux pas qu'on rie de moi... Poltron, c'est pas bon, ça, pour les filles que j'aime tant. Rugbyman, oui : la force, le courage, la solidarité... Ça, ça plaît aux filles.

Tu vois : « plaire aux filles », « plaire aux filles », alors que ma Martine irréprochable me couve des yeux... C'est sans doute que je suis déjà parti.

Pendant deux ans encore, je la vivrais, cette vie de rien plus rien égale tout.

L'omnibus Brive-Limoges de six heures du matin. La fac jusqu'à midi. Encore deux heures de train pour revenir à Brive.

Et puis, à vingt kilomètres, Objat, pion de nuit. Les week-ends, joueur de rugby. Et les étés déménageur, peintre en bâtiments, représentant en encyclopédies... et un petit peu serveur au snack-bar *Le Turenne* que vient d'ouvrir ma maman.

Banal, banal, vous avez dit banal, comme c'est banal... Drôle de trame !

Déjà se tisse la toile de fond : le rugby.

Un sport, une attitude, un jus qui vous coule dans les veines, sirop bleu-rouge, hématome et côtes-du-rhône, comme il l'était avant le rugby.

Aujourd'hui (Ai-je raison d'en être un des fers de lance?), ce sport en est devenu un.

Avant, il était à la fois bastons dérisoires et sordides, nuits mythiques de sperme et d'alcool rude, virilité exacerbée, réelle pureté, véritable connerie machiste et bornée, école de loyauté, amitié éternelle, authentique chevalerie noble et guerrière, vulgaire et aristocratique, cheveux sales et casque d'or...

Maintenant, friqué et frustré, plus au goût du jour et moins à celui de la nuit, il baguenaude entre ses ambitions glorieuses et sa réalité. Élitiste par progrès, mais tant vieux de ses propres excès, il se cherche encore entre tribune d'honneur et tribune populaire, émerveillant les douillets, libidinant les femmes en manque de gladiateurs, pourtant de moins en moins indifférent aux gens du nord de Loire.

D'avant à aujourd'hui, il me restera quoi qu'il en soit la figure géométrique qui, de deux ballons ovales collés par le bas, m'a fait la forme du cœur.

Il est mon régulateur, ma tachycardie, mon indispensable...

Elle est noir et blanc, la toile de fond, en ce jour de mai 1973.

Les couleurs du club, d'abord, et l'avion qui atterrit sur la piste de l'aéroport de Johannesburg, Afrique du Sud.

Noir et blanc. Salvatore à damier. « Tombe la neige, impassible manège. » Blanche, la neige oppression qui recouvre le peuple noir.

Et nous, petits joueurs de rugby pâles, pour la plupart jamais sortis du pays des droits de l'homme, soudain nous découvrons l'ignominie, la vraie : le racisme dans sa réalité de merde.

Chiottes pour Noirs, toilettes pour Blancs. Stades barbelés, blanchis à quatre-vingt-dix-neuf pour cent. Le quotidien humiliant. Les mines d'or, où dans des couloirs étayés à peine de piquets mal solides, ils sont gris de fatigue, de peur, de faim.

En offrant ce jour-là, à ces hommes si beaux de courage et de colère, mon épaule, mon sourire, mon amour et bien d'autres choses matérielles en cachette de leurs bourreaux, je n'aurais pas imaginé une seconde l'ignominieuse condamnation qui allait me frapper vingt ans plus tard : une condamnation pour « incitation à la haine raciale » !

Surtout ne pas m'étendre, ne pas argumenter. Je ne peux pas avec des mots, seulement des mots, peindre la torture qui me déchire aujourd'hui.

Alors juste des faits :

Depuis que je sévis dans l'artistique, j'ai écrit, joué, plus de vingt textes antiracistes à des heures de grande écoute pour sensibiliser le public à cette hérésie qu'est la ségrégation.

J'ai été boycotté, menacé de mort, par des fronts nationalistes pour avoir, dans la première émission de « Super Nana », permis à une Arabe d'être la super nana du jour.

Le 23 septembre 1995, j'ai diffusé une parodie de Jean-Marie Le Pen, dans laquelle je lui prêtais l'intention de casser du Noir, ce qui ne l'a pas choqué outre mesure lors du visionnage filmé de la séquence. Cela étant pour moi la démonstration même de ce que je voulais prouver. Bien qu'il s'en défende sur tous les tons, cet homme est un raciste pur et dur, son sourire et son manque d'indignation à la vue de sa caricature hurleuse prouvant la criante vérité de mon exagération de chansonnier.

Je suis bouffon de métier. Quand j'endosse l'habit de Georges Marchais pour lui faire tenir des propos totalitaires, je n'approuve en aucun cas le communisme, je le dénonce.

Le MRAP et la LICRA ont porté plainte contre moi, m'attribuant, à moi l'artiste, les propos tenus par ma caricature.

Le jugement qui m'a condamné une première fois, puis en appel, reconnaît que je ne suis pas raciste, que je n'ai pas eu l'intention de l'être, mais que les Français, surtout les adolescents, ne comprennent pas le second degré, et en conséquence j'étais condamné pour incitation à la haine raciale.

Le MRAP, qui m'avait ainsi bâillonné, est descendu quelques mois plus tard dans la rue pour apporter son soutien au groupe NTM, condamné pour avoir insulté des flics. On pouvait lire sur les banderoles : « Ne touchez pas à la liberté d'expression. »

À l'heure où le voyage de ma vie fait son flash-black en Afrique du Sud dégénérée (dont l'intolérance m'a déprimé à en pleurer et même à me battre vraiment avec des Afrikaners primaires), j'ai juste envie de me poser une question : la France, pays des droits de l'homme, d'accord, mais lesquels ?

Le rugby est à l'Afrique du Sud ce que les pâtes sont à l'Italie. Et traîner mes dix-neuf ans sur les terrains du Transvaal équivaut pour une belle Italienne gourmande à tomber d'un Solex devant Depardieu !

Ce sera un séjour d'extrême plaisir avec en point d'orgue ce moment rare de contemplation, en pointe symbolique du cap de Bonne-Espérance.

Il est là-bas un endroit où, debout sur le rocher, on peut voir s'embrasser deux océans : l'Atlantique et l'Indien, l'un gris sale, l'autre turquoise.

Je ne sais pas encore que ma vie en est précisément à ce baiser, et que Le Cap en est vraiment un. Je vais quitter le limpide pour le turbulent...

Je contemple cette embrassade marine en serrant sur mon cœur une photo de femme.

Une femme, deux océans, des babouins, bientôt le tournant...

Les deux océans, vous l'avez compris, de l'anonymat à la célébrité. La photo, c'est une minuscule d'un mètre cinquante-deux, que je caresse de mon infidélité briviste depuis quelques mois....

Martine, ma femme, était douce, attentive, sans faille, sans cri. Donc je fuyais au passionnel outré... Chez Pauline, ma maîtresse. Je suis scorpion ascendant torturé, zodiacalement détraqué... Pourquoi faire simple quand on peut faire compliqué ?

Tout au long de mon Afrique du Sud je gardais en photo de chevet cette mini-vendeuse de province qui m'avait plié le cœur en deux... Pauline sera mon déclic, mon prétexte à divorcer de ma vie naphtaline... Et les babouins aussi...

Sur la route du Cap, les babouins virevoltent, ils sont agiles et voleurs. À peine tu les lâches du regard qu'ils te piquent ton sac sur l'épaule.

Pendant toute ma vie, des babouins sont venus voler les filles sur mon épaule... Singes malins avec les mots qu'il faut, ils cabriolent de branche en branche, croquant des pommes de passage, laissant des trognons pour nuits blanches sur leur sillage... Tiens, encore récemment... Mais ça m'aide, quand je ne dors pas, j'écris.

Et puis quoi ! J'ai été babouin moi-même... Enfin, Babouin premier, roi des Belges, puisque je vole la peau et je laisse le fruit...

Le babouin de Pauline, ma ministresse (minimaîtresse), était lui aussi babouin « belge », voleur de peau...

Pendant que je babouinais moi-même de ravissantes Sud-Africaines à leurs maris pleins de bière, ma ministresse s'était, elle aussi, offert une visite du zoo, à Brive...

Alors, me direz-vous, quoi de plus juste, c'est la monnaie de singe de ta pièce...

Œil pour œil, dedans pour dedans... Mais aussi orgueil pour orgueil, sang pour sang. Sang à la tête, coup de sang, sang chaud...

Alors à mon retour en France, je hurle, souffre et pleure, et comme toujours, accroc à leur peau, je ne quitte pas.

Par lâcheté, confort, peur du seul, je ne sais pas, mais toujours est-il que chaque fois que je me suis fait babouiner, j'ai conservé l'infidèle le temps de la cicatrice... Incapable de prendre le taureau par mes cornes... Mais en prenant bien soin de tirer de l'infortune le plus possible de motivations personnelles ou professionnelles. Je ne suis pas de ceux qui trompés battus s'abîment en alcool et laisser-aller... Au contraire, je me flagelle en régimes amaigrissants, rigueur de travail...

Le singe était musicien... Ma vie suspendue à un bouton d'accordéon... Et peut-être à la phrase la plus stupide et la plus importante de ma vie : « S'il suffit de monter sur une scène pour voler les femmes des autres, tu vas voir ! »

Il est quand même jouissif de penser – et cela suffit au bien-être éternel de la partie frondeuse de mon âme – que je dois mes décorations, titres, fortunes, relations princières, privilèges et glorioles, à un coup de quéquette d'accordéoniste à la lisière d'un dancing de campagne, sur un plaid écossais de la banquette d'un J7 douteux.

Hasard de l'enchantement mélodique. Si elle avait préféré la mortadelle au tango, qui nous dit aujourd'hui que je ne serais pas chef charcutier chez Mammouth par ressentiment porcin.

Eh oui, je suis devenu comique par tristesse. Appelons ça chagrin d'humour. Oh, sûr que j'aurais préféré acteur, chanteur de charme, mais il fallait parer au plus pressé. Et le radio-crochet de la grand-place de Brive me tendait sa scène quelques jours plus tard.

Le Bourvil que j'imitais pour les copains, à peine plus talentueux que n'importe quel oncle soûl de mariage, allait être mon fer de lance.

Béret idiot, ridicule à souhait, schpountz d'occasion, c'est cet exutoire qui fut le seul, le vrai départ de ma vie de réverbère.

Je suis fantaisiste par désespoir, public par amertume. Mon sol profond est violent, révolté et infiniment contradictoire. Je suis en jachère depuis vingt ans... Clown futile par jeu. Je n'aime pas faire rire. Je ne suis pas ce que je suis. Je hais autant les vomisseurs de mes prouesses que les adorateurs de mes pirouettes. Je n'aime que ceux qui m'aiment en colère. Un jour je me tairai ou je me tuerai. À deux lettres près, tant ce que j'ai « eu » me rassurait plus que ce que j'« ai »...

Pendant un an, je me promènerai de dancings en kermesses, allongeant mon répertoire de quelques pitreries supplémentaires. Et puis septembre 1974.

« Maman, je vais partir.

– Où ?

– À Paris, tenter ma chance.

– Mais tu ne connais personne !

– Et alors, on verra bien ! Qu'est-ce que je risque... Si ça marche pas je redescends.

– J'ai confiance en toi, si tu dois le faire, fais-le. »

Elle m'a posé sur le quai de l'hagard. Inconscient, le regard plein de vagues espoirs. Six cents francs dans la poche, une valise pleine de conserves, et un aller simple.

Le train m'emporte. Aux fenêtres cinglées de gouttes éparpillées, glisse ma Corrèze. Rousse et or. Mes étangs s'éloignent en flaques. Troupeaux de V, mes oiseaux en ciel gris.... Et défilent mes champs d'enfance, têtes de vaches aux fenêtres barbelées.... Sur ma buée, au plus près de mon haleine sur la vitre froide, je dessine un cœur du doigt... Une passagère, vieille lectrice, relève le nez de son roman de gare.

« Amoureux ?

– De ma terre, oui !

– Vous la quittez ?

– Ça se voit tant que ça ? »

Le Hasard des mots à double sens fait que « gare » signifie aussi « Attention »... Un viaduc. Encore quelques arbres. Des fermes. Et puis plus rien, noir !

Le bout du tunnel n'est pas loin, pour le voir, il suffit de se retourner...

Mercredi 27 novembre 1996. Le Macintosh me renvoie les derniers mots du chapitre intitulé « Martine » : le bout du tunnel n'est pas loin, pour le voir il suffit de se retourner !

Et tout à coup, un étrange frisson vient me percer la tête... Sourd... Lancinant... Et cette voix qui me souffle : « Saute... Allez saute du train... Ne va pas te planter réverbère... Saute.... Saute au Hasard de la prochaine courbe où le train ralentira, et dieu fera le reste... Invente-toi l'autre destin... Le romanesque... Sans paillettes... Sans gloire... Un trajet violent, de déraison, tragique et sublime... Une histoire d'amour de campagne... Mais forte, torride, exceptionnelle... Sur fond d'arbres et de murmures d'eau... Saute... Ils s'en foutent de ton cathodique... ça va, ils ont compris que tu t'es trompé de rails... Saute et emmène-les dans l'imaginaire... Un vrai roman à la troisième personne, et à l'imparfait... Septembre 1974. Entre Brive et Limoges... Saute... Ne sois jamais Patrick Sébastien...

Saute... Tu vas sauver ton fils... Pas de tournée, pas de Novotel Montpellier... Pas d'accident de moto... Saute... Pas de saloperies journalistiques, politiques... Pas de justice vendue... Pas de chagrin d'amour à mourir... Saute... Patrick... Saute... Juste après le tunnel... Saute... »

5

Simone

C'est la dame au roman de gare qui avait tiré le signal d'alarme. Et le train s'était immobilisé.

Des têtes jaillirent aux fenêtres des compartiments. On courut dans les fougères humides. Le contrôleur et deux hommes remontèrent le long des wagons en trébuchant sur les cailloux durs.

« À cinq cents mètres, là-bas en contrebas.

– Vous le voyez ?

– Non... »

Les passagers éparpillés commencèrent à dégouliner de l'express, s'interrogeant des yeux, des mots, des gestes. Sans panique. Et le bruissement de l'incident commença à s'insinuer, d'oreille en bouche, virevoltant des bas-côtés affolés, au fond des compartiments où des stoïques de nature avaient à peine relevé le nez de leur journal...

Et la dame au roman ânonnait encore et encore « l'air froid qui l'avait saisie » quand il avait soudain ouvert la vitre, et qu'il s'était envolé, sans cri, là-bas, à la sortie du tunnel juste après Masseret.

À une trentaine de mètres de la sortie du tunnel, l'herbe était froissée et des arbustes rares pliés. Le contrebas portait les traces de la chute. Une poche de manteau. Une chaussure plantée dans la boue.

Les eaux d'automne avaient grossi la rigole. Allongé sur le ventre, un pied nu et un bras dans l'eau, il semblait somnoler.

Le contrôleur trébucha et le bout de sa glissade vint heurter la jambe sans chaussure. Les deux hommes, qui le suivaient prudemment, le relevèrent.

La peur du très grave les paralysa un très bref instant. L'un d'eux se pencha au plus près du visage. Il respirait.

D'autres passagers arrivaient en grappes. Agglutinés prudents et curieux, ils regardaient d'en haut les deux hommes mettre le corps sur le dos.

Le visage strié de griffes de ronces était paisible. Une grosse plaie au-dessus de l'œil gauche l'ensanglantait jusqu'au col. Il geignait un peu, les yeux clos... Au loin, à fond de brumes, derrière des chasseurs de passage, on apercevait la nationale 20...

Et partant d'elle, une petite route, où déjà clignotait la voiture rouge des secours...

Derrière le comptoir du snack-bar *Le Turenne*, Dédée régnait. Maîtresse femme de trente-huit ans, elle ordonnait, riait, commandait... Elle était en train de compter sa caisse lorsque le téléphone sonna en bout de bar.

« Réponds, Olivier... »

Olivier Guillot, c'était le « deuxième fils ». L'ami de Patrick, son premier fils qu'elle avait posé ce matin à la gare. Rastignac en sourire, Patrick avait décidé de « monter » à Paris tenter une chance dans le show business... Olivier, narquois, en avait d'ailleurs souri sous ses moustaches...

« Qu'est-ce qu'il va aller se faire chier là-haut avec des mecs qui mettent de l'eau dans le pastis... Et puis, il connaît personne...

– T'en fais pas, il va pas coucher sous les ponts. »

Olivier avait appuyé encore plus fort sur le doseur, et avait bu le triple Ricard cul sec.

« À la santé des ponts ! »

En rupture volontaire de famille riche, pas par haine mais par besoin d'être lui-même, Olivier avait été recueilli par Dédée. La maman de son meilleur pote. Malgré son bac et ses études de droit, il s'était improvisé barman avec talent. Comme une réaction bras d'honneur au milieu d'où il venait et à l'avenir tracé...

Outre la moto, il avait comme moyen de locomotion incongru une carriole et un âne.

« Au moins quand je suis vraiment bourré, l'âne connaît le chemin pour me ramener tout seul, pas la moto ! »

Troisième sonnerie de téléphone...

La fille au bar et au rouge limonade débordait d'une énorme poitrine laiteuse... Olivier lui lança un regard de maquignon.

« J'ai envie de te traire.

– Mais je ne suis pas une vache.

– Et alors, moi j'ai une bite de moineau, tu m'as déjà vu voler ? »

Dédée perdait patience.

« Mais réponds, à la fin, au lieu de dire des conneries ! »

Il décrocha.

« C'est pour vous... »

Dédée sera comme d'habitude, forte. Elle n'était pas de ces femmes à syncopes qu'il faut aider quand on les appelle au secours... Les blessures de sa vie lui avaient fait la carapace des mères boucliers.

« Où ? ... Comment ? ... Hôpital de Limoges... On arrive... »

Olivier conduisait. Et Dédée pleurait quand même... Bouclier, mais inquiète... Aux carreaux de la 404 défilait la Corrèze rousse et or... Et puis la Haute-Vienne pareille, en plus gris...

« Je comprends pas, murmura Olivier, bon d'accord, Pauline s'est fait sauter par un musicien d'orchestre, mais c'est pas le genre à se flinguer pour ça...

– Et puis y a son petit... Rien que pour le petit, il aurait pas fait ça...

– Le divorce ?

– Penses-tu... Depuis, ils sont les meilleurs amis du monde. Martine et lui ! »

Un silence de quelques virages... La pluie avait repris aux vitres et aux yeux...

« Et s'il avait voulu se suicider d'après ? lâcha Olivier.

– Comment ça, d'après ?

– Ben, en cinquante kilomètres de train, il comprend qu'il est tellement doué qu'il va réussir, les filles, la gloire, la fortune, donc le malheur, puisque dans *France-Dimanche* c'est marqué que Johnny Hallyday il est toujours tout seul et que les acteurs qui réussissent ça arrête pas de se suicider...

– Ça va pas bien, non !

– C'est pour rire, Dédée, j'essaie de vous détendre...

– Tu sais bien que je n'aime pas cet humour.

– Lui, oui, ça le ferait marrer... De toute façon c'est fait, c'est fait... Je suis sûr que si c'était moi, il déconnerait pareil.

– Peut-être mais pas devant moi. Et maintenant arrête, ou je te fous une gifle ! »

Aux urgences de l'hôpital de Limoges, ils étaient assis tous deux, en patience... Dans une demi-heure, ils pourraient le voir... Enfin juste de loin derrière une vitre, après l'opération... Pour l'instant, il était en salle de réanimation... Comme toujours, les médecins n'avaient lâché aux intimes que des bribes de diagnostic... Fracture du crâne... du pied...

Le danger suprême ? Pas écarté mais quand même, peu probable.

Les séquelles ? Sûrement importantes... La mémoire peut-être... On ne savait pas bien...

À deux sièges d'eux, une femme triste et digne semblait clouée... Comme pour se mettre l'inquiétude en entracte, Olivier la regarda. Étrange attirance... Puis la questionna comme on demande l'heure qu'il est.

« Et vous ?

– J'attends des nouvelles de ma fille.

– Grave ?

– Non, fracture de la clavicule... »

Olivier, rassurant, sourit.

« C'est rien ça... Chute de vélo ?

– Non... »

Et puis soudain chez cette femme, comme un besoin de tout dire à cet étranger...

« Non, la voiture de mon mari s'est encastrée sous un camion entre Châteauroux et Limoges... À cause d'un chauffard qui conduisait en état d'ivresse... Mon mari est mort et son copain à côté est encore dans le coma... D'après les médecins le cortex a été gravement touché... La petite était derrière, elle n'a été que blessée mais elle a tout vu... Et puis... »

À cet instant, un homme s'assit près d'elle et l'interrompit.

« Ça va, Marie-Louise

– Ça ira... Il faudra bien, pour les petits... »

Et Olivier lâcha par pudeur les yeux de sa voisine. Cette histoire de chauffard ivre lui avait mis en tête un vague projet de promesse d'arrêter de boire... Et puis les odeurs d'éther, de détresse...

« Je vais essayer de trouver quelque chose à boire, vous ne m'en voulez pas, Dédée ?

– Non, mon petit. »

Et il sortit.

Le désespoir caché derrière ses lunettes noires, Dédée ressassait chaque instant de sa vie de mère, en quête d'une éventuelle responsabilité.

Le nouveau père qu'elle lui avait donné en se mariant lorsqu'il avait sept ans ? Non, impossible. Cet homme était si bon, si solide.

Un manque d'affection ? Sûrement pas...

Un trop-plein alors ? Non plus... Elle n'était ni envahissante ni dévoreuse...

Alors pourquoi ? ... Pourquoi ? ... Il avait l'air si plein d'envie, si conquérant en montant dans le train...

« Vous êtes sa mère ? »

La femme qui la tira de sa torpeur était une vieille dame apprêtée, liftée sans doute. Un chien propre sous le bras, elle semblait sortie d'un magazine de stars de cinéma froissé.

« C'est moi qui ai tiré le signal d'alarme... Je n'ai pas continué le voyage... Je voulais savoir... »

Dédée lui lança un regard étonné, puis répondit :

« Oui, je suis sa mère... Vous le connaissiez ?

– Non, mais ce fut tellement bizarre... Je lisais, puis nous avons bavardé un peu, et soudain il s'est dressé, m'a regardée. Ce fut très éphémère. Son visage était, comment dire, étrangement serein. Et le temps que je replonge le nez dans mon roman, j'ai senti le souffle froid de la vitre ouverte et... Dites-moi, comment va-t-il ?

– Je ne sais pas encore... On l'opère.

– Puis-je rester près de vous ? »

Dédée la regarda intriguée. Une inconnue, riche sans doute, qui vous balance des « éphémère » et des « puis-je » ; et qui stoppe son voyage pour prendre des nouvelles de son petit avec une tendresse presque familiale, ça venait lui rajouter tout un tas de pourquoi...

« Mais pourquoi, madame ?

– Appelez-moi Simone. Je comprends votre incrédulité, habituellement les témoins de faits divers se contentent de constater, témoigner, puis s'empressent de rejoindre leurs proches pour leur conter " leur " aventure. Égocentrisme hélas commun d'une société qui ne s'arrête qu'à sa propre fuite... Il est si triste que nos trajectoires en aucun cas ne laissent place à l'intéressement gratuit du parcours et des détresses d'autrui... Mais pardonnez-moi, je m'aperçois soudain de l'impudeur de la situation. Peut-être que ces digressions existentialistes vous sont totalement indifférentes et je le comprendrais... »

Dédée, tout à coup impressionnée, peut-être par « digressions existentialistes » qu'elle avait eu du mal à traduire, ou plus sûrement par la justesse du ton compassé, se fondit dans cette confession irréaliste.

« Non, non, pas du tout, continuez, mad... Simone.

– Voilà, le Hasard est sûrement à l'origine de ma présence à vos côtés... Dans le roman que je lisais, juste avant de parler à votre fils, je venais de prendre en pleine face une violente diatribe concernant ce que je suis réellement... Pardonnez-moi encore, mais je sens que j'emploie des mots qui vous échappent...

– Mais pas du tout, mentit Dédée.

– L'éducation, que voulez-vous, qui, en vous rapprochant du vocabulaire, vous éloigne du tout-venant... Hélas, une détresse même grammaticalement correcte reste une détresse. Je vais m'efforcer d'être plus compréhensible. »

Un instant, Dédée faillit prendre ça à l'affront, genre « j'ai quand même été à l'école, pour qui elle se prend ? ». Et puis la curiosité et ce sentiment bizarre d'une situation si peu commune la forcèrent à l'écoute sans remarque...

« Donc le roman que je lisais m'offrait un passage où les femmes de ma condition en prenaient, comme on dit vulgairement, plein la figure... »

« Tu parles d'une vulgarité ! » pensa Dédée, presque souriante, et à cet instant-là tant absorbée par l'étrangère qu'elle en oubliait son désespoir.

Comme quoi même les chagrins les plus lancinants font des pauses. Question d'entourage.

« Dans ces quelques lignes, il était question de vieilles parvenues ayant usé de leurs charmes de jeunesse pour se fabriquer un compte en banque. Légères et intéressées, lubriques et artificielles... Et ce qui m'aurait en d'autres circonstances fait bondir, je ne sais pourquoi, fut pour moi comme un déclic... Serait-ce votre fils, mélancolique de quitter sa terre ? L'évidence du miroir que ce livre me tendait ? Je ne sais pas. Toujours est-il que j'ai décidé d'abandonner mon voyage à Paris et de suivre le chemin de ce fait divers qui a croisé ma piètre existence... Parce qu'il y a une chose dont je suis convaincue, madame... euh... comment ?

– Andrée, enfin Dédée...

– Je suis convaincue, madame Dédée, que LE HASARD FAIT TOUT, ET VIVRE CONSISTE À S'EN ACCOMMODER... Bien entendu, si ma présence vous importune en quoi que ce soit, je me retirerai. »

Dédée balançait entre une réelle sympathie et la perplexité. Et si cette femme était tout simplement une illuminée, une tordue, mentant tout son personnage ?

Mais dans quel but ? Pour quel intérêt ? Une nymphomane sordide en mal d'émotion étrange ? ... Non... Ou alors, oui peut-être, une mère à la recherche d'un fils perdu ou enfui... Oui, plutôt ça...

Et c'est à cet instant-là que Simone gagna son droit à jouer un des premiers rôles dans l'histoire dramatique et splendide qui s'amorçait. Comme si elle avait lu dans les pensées de Dédée elle lâcha :

« Ne me croyez pas folle, ou en manque d'enfant. J'ai juste envie de dévier là ma vie d'inutile. Je suis une riche égoïste de cinquante-huit ans. Toute ma vie j'ai menti aux autres et surtout à moi. Je n'ai vécu que pour moi, mes fourrures, mes amants. Et j'ai eu, pardonnez-moi le mot, la « chance » de croiser un destin inconnu qui correspond à une prise de conscience et qui m'attire sans que je sache pourquoi... Alors, je vous en prie, laissez-moi vous suivre et essayer de tout comprendre quand il se réveillera... Parce qu'il se réveillera, je le sais, je le sens... »

Tout au long de cette tirade, Dédée était passée par des états successifs : l'ébahissement que Simone ait si bien deviné ses pensées ; le blocage au mot « chance », et enfin comme un soulagement quand elle avait dit qu'il se réveillerait...

Elle était si étrangement sûre d'elle que cette intuition visionnaire l'avait rassurée... C'était fou, mais cette inconnue d'un quart d'heure lui inspirait confiance et même plus. Une complicité, une affection. Elle prit la main de Simone dans la sienne et murmura : « Restez... »

Et les deux femmes restèrent ainsi, sans un mot, blotties des doigts, jumelles d'attente inquiète mais mesurée...

« Je vous ai quand même rapporté un café, lança Olivier en rejoignant la salle des attentes... Bonjour, madame...

– C'est la dame qui a tiré le signal d'alarme, dit

Dédée, elle était inquiète et puis elle veut aussi... Enfin c'est trop long, je t'expliquerai plus tard... »

Malgré les circonstances dramatiques, Olivier ne put s'empêcher de poser sur elle un regard plein de malice et de bien d'autres choses...

« Simone... Olivier, le meilleur ami de mon fils », reprit Dédée en guise de brève présentation.

Le prénom fit sourire intérieurement Olivier et le projeta dans le souvenir d'une autre Simone que lui et Patrick avaient ferraillée sans gloire au cours d'un des nombreux duos-duels qu'ils s'offraient régulièrement en guise de passe-temps provincial.

Il était d'ailleurs étrange de constater cette application presque méthodique qui consistait à jeter le plus souvent leur dévolu sur des quinquagénaires, voire des sexagénaires délurées.

Patrick prétendait que l'approche chez elles d'une fin de course les rendait plus érotiquement sincères et généreuses... Du genre : « C'est peut-être la dernière fois, alors... »

Cette excuse cachait en fait, chez eux, le besoin profond de se faire tout ce qui bougeait, et que les « vieux pots dans lesquels on fait les bonnes soupes » foisonnaient dans la boîte à tango qui leur servait de niche les samedis soir de chien !

Olivier en était là de ses pensées quand le médecin s'avança. C'était un petit homme presque jeune, déjà gris de cheveux, au visage sans émotion comme ils le sont tous par habitude ou calcul.

« Bon, voilà, Dédée... »

Ils se connaissaient de loin. De Juillac, quand Dédée accompagnait Gabriel, son père boulanger, dans ses tournées de campagne. Pierre Sureau, futur chirurgien mais alors fils de ferme, l'avait toujours courtisée. Ses sabots de quinze ans avaient souvent poursuivi ses jupons de dix-sept aux contours des meules d'été sans autre succès qu'un baiser furtif sur la joue.

Le Hasard venait de lui faire sauver la vie du seul être à qui il aurait aimé la donner. Tiède revanche. Mais à la lueur de ses yeux Dédée comprit, avant qu'il ne le dise, que le petit était sauvé.

« Il vivra. Mais je te connais trop pour te mentir. Il va encore rester dans le coma. Deux jours... Une semaine, on ne sait pas... »

Et Dédée, soudain plus pâle, transperça encore plus son œil gêné. Il continua, la voix blanche : « Après... Ce ne sera plus pareil... Le cerveau... Tu comprends... »

C'est à cet instant-là que le bouclier se fendit.

Elle s'affaissa et glissa au sol dans un long sanglot face contre terre.

Pierre l'ami se pencha sur elle et la prit dans ses bras. L'instant était lourd, exceptionnel et pourtant si familier au personnel hospitalier, badaud par habitude.

Pierre le médecin sortit de sa poche quelques cachets préparés d'avance, et l'infirmière suiveuse tendit le verre d'eau jusque-là dissimulé.

Le silence qui suivit fut long. Machinalement, Simone avait mis son bras sur l'épaule d'Olivier, perdu dans le vide, le regard las...

Dédée releva son visage embué.

« Je peux le voir ?

– Oui, mais toi seule. »

Et ils sortirent, le pas lent et lourd, par la grande porte à battant.

Une demi-heure plus tard, Dédée ressortit, le visage sans expression. Olivier et Simone sentirent que toute question serait malvenue.

« On rentre à Brive, on reviendra demain. »

Et ils se dirigèrent tous les trois vers la sortie.

À peine avaient-ils franchi la porte que Dédée aperçut la petite silhouette appuyée sur une voiture, au loin.

« Attendez-moi ici, je reviens. »

Et elle se dirigea à pas lents vers sa cible.

Quand elle fut à un mètre, Pauline eut comme un mouvement de recul. Elle balbutia, en larmes.

« Je ne voulais pas vous croiser... C'est de ma faute. »

Et Dédée eut alors le seul geste auquel Pauline ne s'attendait pas. Elle la prit dans ses bras et la serra tout doucement. Puis elle lui redressa le visage pour la regarder bien en face.

« Ne pleure pas, il ne va pas mourir... Et ne culpabilise pas... C'est vrai qu'il a fait ça pour une femme... Mais cette femme, ce n'est pas toi ! »

Dans les yeux de Pauline la tristesse se changea soudain en incompréhension.

« Quoi... Qu'est-ce que vous racontez ?

– C'est la vérité, mentit Dédée, il montait à Paris la rejoindre... Il l'avait rencontrée cet été au bar, il était tombé très amoureux... Il ne te pardonnait pas... Et puis au moment de partir, elle lui a téléphoné qu'elle ne voulait plus de lui... Il a voulu partir quand même... Il a dû craquer en route... Pas parce que tu l'avais trompé... Parce qu'il s'était trompé... »

Pauline s'affaissa un peu puis murmura : « Je peux aller le voir quand même ?

– Il ne vaut mieux pas... Oublie-le... Lui t'avait oubliée... Et puis ce ne sera plus jamais le même. »

Et Dédée l'embrassa tendrement sur le front et partit.

Elle marchait lentement, sentant derrière elle l'énorme bloc de peine écraser le petit animal éclaté.

Elle avait si mal d'avoir fait si mal. Mais elle était la seule à savoir qu'elle venait d'accomplir un acte d'amour.

Une jeune fille de vingt ans ne doit pas perdre sa vie au côté d'un reste d'homme atrophié. Les chemins de croix devraient être interdits aux enfants.

Dans quelques années, Pauline aurait un mari, des enfants, et un secret tendre et terrible qui l'aiderait à s'endormir les soirs de triste lit.

Quand elle entra dans l'auto, Dédée ne s'aperçut même pas que Simone avait pris place à l'arrière. Ce n'est qu'au bout de quelques kilomètres silencieux que la dame au roman signala sa présence.

« J'espère que ça ne vous dérange pas de me ramener à Brive ? J'ai expliqué ma démarche à Olivier. Je reviendrai avec vous demain... »

Dédée hocha la tête sans la tourner. Elle commençait à somnoler. Les cachets...

L'auto se gara dans la rue Barrye. Olivier réveilla doucement Dédée.

« On ouvre quand même demain ?

– Et pourquoi non, la vie continue. »

Elle traversa le jardin de la petite villa familiale, ombre noire en manteau large, fantomatique et chancelante à peine...

Simone se glissa à l'avant et Olivier démarra.

« C'est où exactement ? questionna-t-il.

– Dans le bas de Turenne... »

Turenne est situé à une quinzaine de kilomètres de Brive. Au sud. À la frontière du Lot.

Simone avait demandé à Olivier de l'y reconduire. Il avait accepté par galanterie et curiosité... Il lui tardait de découvrir le château dont elle lui avait parlé sur la route du retour...

Elle s'était confiée. Son veuvage à fortune. Son amour du luxe. Ses errances...

Sa retraite dorée au pays des arbres calmes. Son oisiveté manucurée. Ses chiens compagnons.

Ce voyage à Paris qu'elle faisait toutes les deux semaines pour un Dior, un Chanel, ou un Jean-Michel de basse couture qui la sodomisait par coutume et intérêt. Il était viril et vaguement artiste. Il la traitait si tendrement de vieille salope. Elle traduisait mécène...

Elle avait avoué tout ça sans pudeur, mais avec des mots bleus.

Bien sûr qu'il se la voyait belle l'Olivier, l'embrochade de l'héritière...

Mais elle mit les points sur le *i* de coït en arrivant à l'orée du parc du château.

« Je pressens, mon bel Olivier, que trotte dans votre pensée l'idée têtue, et ma foi fort compréhensible, de me rendre vos hommages...

« Il est tout à fait légitime de votre part de l'envisager, mais sachez d'ores et déjà que ce souhait nous restera pour aujourd'hui à l'état de projet éventuel. Aussi, si le seul but de votre galanterie accompagnatrice était à connotation sexuelle, vous pouvez me déposer ici. En revanche, si vous souhaitez, et je vous en devine l'aptitude, me combler d'une présence amicale et d'échanges oratoires intimes et d'une autre dimension, je vous invite à boire un de mes vieux vins. »

Elle ignorait que ce genre de rhétorique, loin de dérouter Olivier, le comblait d'aise. Il lui semblait retrouver la musique des mots de Tonton, un professeur de philo frondeur qui se délectait de ces formules à rallonge.

Simone lui fascinait autant l'esprit que le ventre. Elle était son élégance inespérée dans cette province où la plus classieuse des shampouineuses se croyait poète en disant « pénis » quand elle parlait d'une petite bite.

Il la quitta à l'aube. Totalement bourré.

Il lui avait tout raconté. Ses fuites, son énorme chagrin d'amour quand celle qu'il attendait avait oublié de venir sur le pont où il lui avait fixé le rendez-vous de la dernière chance.

Ils avaient parlé peinture, et de son aversion pour les soi-disant génies qui peignent du rien qu'ils vendent plus cher que tout.

Et surtout, ils avaient parlé de *lui*, son frère et demi, à demi mort là-bas à Limoges.

Il avait pleuré à la troisième bouteille. De toute façon, il pleurait toujours à la troisième bouteille.

Il avait tout compris d'elle... Son dégoût, son rejet brusque, son envie de découvrir le « pourquoi » de l'envolé du train...

Il avait compris qu'en cherchant la vérité du « suicide » de Patrick, c'était sa propre vérité qu'elle tentait de découvrir.

Et si ce Patrick qu'elle avait croisé si peu avait souffert du même dégoût qu'elle, de la même peur des lendemains trop faux ?

C'est vers quatre heures qu'elle avait avoué à Olivier qu'elle était persuadée d'avoir lu tout ça dans l'ultime regard de Patrick.

Toute la nuit, une chaîne musicale les avait accompagnés en sourdine.

Et quand au moment de se quitter Piaf se mit à chanter *Non rien de rien, non je ne regrette rien*, elle saisit l'occasion de le regarder dans ses yeux ivres pour lui glisser sereine et déterminée : « Quelle que devienne ma vie, je sais qu'à partir d'aujourd'hui je ne regretterai rien... »

Elle ne le raccompagna pas.

Elle le suivit juste des yeux derrière la baie vitrée. Il disparut dans le parc.

Son regard se fixa un instant sur les yeux arrière rouges de l'auto, comme le sont toujours les yeux de ceux qui partent, et puis il balaya le paysage pleine lune qui lui offrait des vallons et des arbres à mi-clarté.

Le brouillard en immense nappe unie recouvrait la plaine que sa demeure dominait. On aurait dit un bout d'océan...

Au loin un petit village scintillait au-dessus de la brume.

« On dirait un bijou, pensa-t-elle... Un tout petit collier de perles... »

Olivier, arrivé à la sortie du parc, dut faire une embardée terrible pour éviter la petite moto qui arrivait à toute allure... Dans son rétroviseur, il la vit zigzaguer puis, le phare balayant à la verticale, il comprit qu'elle était tombée...

Il se précipita, glissa d'alcool et de boue, se releva et accourut à la moto. Le passager était debout, indemne...

« Excusez-moi, mais vous avez débouché tellement vite !

– Vous inquiétez pas. Ça va... Plus de peur que de mal... »

Elle retira son casque, et ses longs cheveux roux et or roulèrent sur ses épaules... Un visage d'enfant que la pleine lune faisait resplendir de sa découpe... seize ans... dix-sept peut-être...

Elle parut soudain apeurée.

« Ne le dites pas à Madame, s'il vous plaît, elle me gronderait...

– C'est quoi ton nom ? la tutoya-t-il, plus par solidarité motarde que par familiarité.

– Marie... Pardonnez-moi, il faut que j'y aille vite, j'ai beaucoup de travail ce matin... »

En la regardant partir, Olivier ne savait pas qu'au bout de cette ombre légère qui remontait l'allée il y avait la plus merveilleuse et la plus terrible des histoires d'amour et de petite fille...

6

Isatis

Il avait d'abord semblé manquer d'air comme asphyxié par l'espace. Et il avait descendu le petit chemin qui menait à l'étang. Les deux femmes le suivaient à quelques mètres, protectrices et curieuses.

Il s'était assis au bord de l'eau et s'était mis à parler beaucoup. Des phrases sans virgules, mais logiques.

Pour les médecins c'était une sorte de « dyslexie enfantine », tout à fait courante pour un enfant de quatre ans.

Mais ils savaient aussi qu'il en avait vingt et un et que cela n'évoluerait pas.

Il avait ouvert les yeux après un mois de coma et n'avait parlé que dix jours plus tard.

Il avait regardé Simone et Dédée avec un grand sourire et avait murmuré : « Elle est belle les dames avec les cheveux et la montre jaune et l'autre aussi tout noir... »

Dédée vêtue de sombre et Simone clinquante avaient

soudain respiré plus fort... Elles lui avaient rendu son sourire et s'étaient détournées pour pleurer un peu...

« Pourquoi vous reniflez votre nez ? » avait-il demandé en souriant toujours...

C'est Dédée qui entra la première dans son univers.

« Parce qu'on est enrhumées, mon petit.

– Alors c'est le docteur qui vient avec son écouteur pour tousser et la cuillère pour regarder dans la bouche... »

Partagées entre douleur et soulagement, elles avaient continué à parler avec lui jusqu'à ce qu'il s'endorme au milieu d'une phrase... Toujours en souriant.

Ce sourire ne le quittait jamais. Mais ce n'était jamais tout à fait le même. Naïf, malin, triste ou parfois même cruel, il illuminait sans répit son visage amaigri.

Les visites à l'hôpital de Limoges avaient duré plus de trois mois, et c'est le 27 janvier, jour de la Sainte-Angèle, que les deux femmes convoyèrent Patrick jusqu'à l'endroit où elles avaient choisi ensemble qu'il se reposerait : ISATIS. C'était le nom de la propriété de Simone.

Fascinée par le pelage argent de ce renard sauvage, Simone avait débaptisé le château de Coutinard pour lui donner ce joli nom.

Pendant qu'Olivier aidait Marie à monter les bagages au donjon, Simone et Dédée avaient lâché Patrick à son premier grand vent...

Depuis une demi-heure il parlait à l'étang...

Les deux femmes qui les premiers mois étaient attentives à chacun de ses mots, y cherchant une improbable rémission, ne les entendaient à présent que comme une douce mélopée presque poétique tant parfois les alliances d'images étaient touchantes.

Un enfant... juste un enfant dans un corps d'adulte... Même pas débile puisque tous ses réflexes étaient dans la logique enfantine...

Sauf qu'il ne boudait jamais, ne pleurait jamais, ne criait jamais. Un enfant formidable s'il n'avait été un ancien homme...

Dédée s'était résignée. Et cédant aux arguments de confort, de sécurité que la petite villa familiale n'aurait pu offrir, perdue dans une ville hostile aux enfants de vingt et un ans, elle avait accepté qu'il passât quelques mois à Isatis...

« Qu'il soit bien entendu que je ne vous le vole pas, avait insisté Simone.

– Je sais, Simone, je sais, avait répondu Dédée, de plus en plus lasse.

– Vous pouvez même vous aussi loger chez moi, il y a toute la place.

– Non, Simone, mon mari, les autres petits, le snack...

– Je peux même vous aider financièrement. »

Là le regard de Dédée fut si fort que Simone comprit qu'elle était de ces femmes dont la fierté ne peut en aucun cas être esclave du besoin...

Pourtant Dédée se résolut à une autre concession... Angèle, sa mère, la grand-mère de Patrick, était en vieillesse, chez une de ses sœurs.

« Vous savez, Simone, c'est elle qui l'a élevé aussi. Et puis, s'il doit continuer son enfance encore longtemps, pourquoi pas la remplir aussi de celle qui la lui a faite belle ?

– Mais bien sûr, s'écria Simone ravie, pourquoi n'y avais-je pas pensé ? De plus, nous sommes... Comment dites-vous ?... " De la classe ? "... »

Et c'est ainsi que, le 27 janvier, Isatis se trouva vers vingt et une heures plongé dans l'obscurité. La flamme vacillante d'une bougie s'avança dans le grand salon, puis il y eut un souffle, puis le noir.

« Bonne fête, Angèle ! »

Et la lumière se ralluma. Olivier buvait. Simone et Dédée levaient leurs verres. Une petite larme glissait aux joues d'Angèle. Marie apportait les couteaux.

« Où est-il ? »

Profitant du noir, Patrick avait disparu. Dédée et Simone se précipitèrent dehors.

Sur le perron, une main accrochée au réverbère d'entrée, Patrick s'était fait manège. Il tournait, tournait, en riant aux éclats...

« On a gagné... On a gagné...

– Il doit repenser à la partie d'échecs de tout à l'heure, fit Simone, tendre...

– C'est incroyable, reprit Dédée, je ne l'avais jamais vu jouer à ça et il vous a battue comme s'il avait fait ça toute sa vie. »

Soudain, la main de Patrick glissa du réverbère et, emporté par son élan tournoyant, il roula jusqu'aux pieds des deux femmes. Il se releva aussitôt. Elles s'apprêtaient à lui demander s'il ne s'était pas fait mal, mais s'arrêtèrent net quand elles découvrirent son visage.

Pour la première fois son sourire avait disparu. Il se précipita avec une rage impressionnante vers le réverbère qu'il frappa avec une violence inouïe à coups de pieds et de poings.

Olivier surgit et hurla.

« Arrête... »

Patrick continuait... avec un acharnement de fauve.

« Arrête maintenant ! »

Le cri stoppa Patrick net... Il se retourna vers tous, avec un grand sourire...

« Maintenant, il ne faut pas de colère qui tape le poteau après ça fait mal au pied et maman elle a eu peur mais je vous aime tous très très fort et des câlins aussi... »

Et il se dirigea vers Angèle, se blottit contre elle, la caressa un instant et glissa tout doucement au sol pour s'y endormir instantanément...

Olivier le souleva et l'emporta vers sa chambre, comme un compagnon de guerre blessé.

Il décida de passer la nuit près de lui, en chien de garde, sentinelle sur canapé.

Le lendemain, au petit déjeuner, pour la première fois en tête-à-tête éveillé, Olivier tenta de percer l'armure.

« Patrick... »

Patrick releva son visage barbouillé de confiture et toujours souriant.

« Pourquoi t'as sauté du train ? »

Pas un instant le regard et le sourire ne changèrent. Comme s'il n'avait pas entendu la question, il tendit sa tartine en disant : « Tu veux la fraise dans ton bol à partager avec moi comme c'est bon ? »

Olivier hésita un peu puis redemanda : « Pourquoi t'as sauté du train ? »

Et sur le même ton Patrick redit mot pour mot : « Tu veux la fraise dans ton bol à partager avec moi comme c'est bon ? »

Olivier n'insista pas. Il laissa passer quelques minutes de silence, puis tenta ce qui le démangeait depuis le premier jour du drame.

« Tu me la fais pas à moi. Dis, frérot, je suis pas une truffe. Vingt fois on se l'est fait le scénar les nuits de cuites. On dit qu'on vire fou alors que pour de vrai on simule, et on les baise tous ces cons-là... Alors d'accord, bien joué, mais je joue avec toi, je suis de la combine. »

Patrick n'avait pas eu le moindre sourcillement. Il semblait ne rien enregistrer.

Olivier se fit plus doux.

« Allez, dis-le que tu fais semblant ! »

Patrick eut le sourire malin.

« Semblant... Semblant... Oui, allez ! »

Il se leva et fit signe à Olivier d'en faire autant. Il fit le tour de la table, s'installa à sa place et lui désigna le siège qu'il venait de quitter.

« Vas-y là, à ma place au lieu de moi pour faire semblant alors la fraise c'est toi qui veux la partager dans mon bol qui est bon... Semblant... Allez semblant... Toi dans ma place et moi là. »

Olivier doutait encore, mais il se résigna, se promettant de réessayer plus tard.

Peut-être Patrick voulait-il faire durer la supercherie encore un peu. Il savait de toute façon que si c'en était une, il finirait par craquer. Quand ils jouaient à se mener en bateau, c'était toujours Patrick qui craquait le premier...

En tout cas si c'en était une, c'était à la fois magnifique et dégueulasse pour tous.

Non, ça ne pouvait pas en être une... Il s'en voulut même d'avoir osé l'imaginer.

Cependant, cette petite comédie avait provoqué dans sa tête un déclic bizarre. Malgré toute sa tirade, il n'y avait que le mot « semblant » qui avait paru déclencher une réponse... Pendant tout le reste, il s'était montré totalement absent.

Olivier en arriva donc à cette constatation qui ne

l'avait jamais troublé auparavant, peut-être parce qu'ils n'avaient jamais été seul à seul : Patrick ne saisissait de la conversation des autres que les mots qui l'intéressaient. Le reste ne s'imprimait pas.

Il fit d'ailleurs une expérience pour confirmer ce qu'il pressentait.

« Cet après-midi on ira au bord de l'eau. »

Patrick mangeait sans lever les yeux. Olivier reprit :

« Cet après-midi on ira au bord de l'eau pour pêcher des poissons... »

Patrick paraissait toujours ne rien entendre.

« Cet après-midi on ira au bord de l'eau pour pêcher des poissons d'argent et... »

Patrick l'interrompit brusquement en riant.

« Argent pour les sous qu'il nous faut pour acheter la maison et à manger du vin pour rigoler et des chansons... »

Argent... Il avait débloqué sur argent... Olivier sentait qu'il venait de toucher quelque chose d'important.

Et alors une idée inouïe lui traversa l'esprit. Une illumination. Une déduction à la Sherlock.

Non, ce serait trop fou !

Il fit quand même un énorme effort de mémoire pour essayer de retrouver chacun des mots qu'il avait prononcés depuis son réveil...

Il semblait que tout cadrait... « Je suis pas une truffe... Le scénar, les nuits de cuites... Je suis de la combine... »

Et soudain en remontant encore plus loin, l'éblouissement : hier soir, quand Patrick était devenu soudain incontrôlable, Olivier avait crié « Arrête », et Patrick avait continué... Et puis il avait crié « Arrête maintenant », et il avait stoppé net et repris la parole en disant « maintenant »...

Et ce matin, il était resté sourd jusqu'à ce qu'il dise « semblant » et après « argent »...

Cela paraissait tellement énorme qu'il frissonnait à l'idée d'avoir la confirmation de ce que les orthophonistes qui s'étaient succédé auprès de Patrick n'avaient pas découvert et qu'il venait, lui, le pas docteur, de mettre au jour.

Patrick n'imprimait que les mots contenant la consonance « an » !

Et Olivier murmura, en avançant ses mots comme on longe un précipice : « Après on ira voir les moutons... »

Patrick finissait son bol de chocolat...

« Et puis... »

Là, il marqua un temps d'arrêt. Son cœur battait de plus en plus fort. Patrick ne montrait aucun signe d'intérêt.

« Et puis on fera attention au gros chien qui est... très.... méchant.

– Oui beaucoup de gens ils font du mal à ceux qui sont des gentils avec des bisous et les autres ils tapent avec des coups de pied dans le ventre... »

Olivier reprit la respiration qui commençait à lui manquer.

C'était donc ça. Le cerveau de Patrick à chaque son « an » se débloquait, mais juste sur le mot lui-même... Pour « méchant » il avait parlé de gens, pas de chiens...

Il essaya encore plusieurs fois avec « diamant », « enveloppe », « dancing », « maman », « va-t'en ». Et chaque fois, Patrick, comme si on appuyait sur un bouton, partait dans une plus ou moins longue phrase.

Comme un ordinateur, il démarrait sans faille. Que le « an » soit « en » ou « emm », qu'il soit en début, milieu ou fin de mot, c'était automatique, il délirait sur le mot.

Olivier trouvait cela à la fois totalement irréel et tellement logique. Il y avait longtemps qu'il considérait le cerveau humain comme le plus fantastique mais aussi le plus inexploré des éléments matériels de ce monde.

Pensez donc, un abat assez sophistiqué pour faire couler des larmes, inventer des fusées, rire aux éclats, manger son prochain ou croire en dieu, devait avoir suffisamment de ressources pour cacher dans un recoin un réflexe de mémoire déclenché par un son.

Le chien de Pavlov bavait bien à celui de la cloche !

Mais autant sa découverte le fascinait, autant, de plus en plus, il s'en sentait possesseur exclusif.

La jalousie d'amitié qu'il avait déjà par rapport au Patrick d'avant, prenait encore plus de relief en ces circonstances...

Il voulait le garder pour lui, ce code secret. Surtout être le seul à avoir la clé. C'est ce qu'il décida.

Ces cinq heures de l'après-midi de fin janvier faisaient glisser sur Isatis des rubans de brume froide. Le château, ficelé de brouillard, commençait à allumer ses fenêtres. Celle du donjon resta noire. Patrick dormait. Il s'était assoupi comme d'habitude, d'un coup, après qu'Olivier lui eut suggéré « éléphant », et en milieu de phrase il avait plongé dans le sommeil entre « Afrique » et « chasseurs »...

Ils étaient au grand salon d'en bas, télévision éteinte et feu de bois.

Olivier avait alors fait à nouveau office de porte-frère jusqu'au grand lit à baldaquin...

Et il avait quitté Isatis pour remplacer Dédée au snack, qui devait venir veiller son petit au château.

Angèle tricotait. Simone s'avança vers elle, un plateau chargé dans les bras...

« C'est l'heure du thé, Angèle. »

Et Angèle la regarda comme si elle avait dit un gros mot.

Du thé ! C'était donc ça le luxe. Des tasses qu'elle n'aurait sorties qu'en cas de repas de noces faisaient office de bols.

« Elles sont superbes, n'est-ce pas ? Gravées main, elles m'ont coûté un prix fou.

– Vous savez, Simone, c'est pas pour ça que ce qu'il y a dedans sera meilleur. Mais vous avez raison il vaut mieux acheter cher, comme disait ma mère, quand on achète bon marché il faut changer trop souvent.

– J'aime votre bon sens, Angèle, vous parlez vrai, dit Simone affectueusement.

– Je ne sais pas si c'est vrai, mais c'est le seul parler que je connais.

– Que je connaisse, Angèle, que je connaisse. Excusez-moi, mais je suis une maniaque du subjonctif, et encore, je ne suis pas certaine qu'en l'occurrence il soit adéquat... »

Angèle sourit. Cette femme du si même âge mais du si lointain monde lui plaisait. Elle la sentait bonne, et cela lui suffisait. Et puis peut-être allait-elle enfin trouver au fond d'une tasse de thé ce que les fonds de bouteilles ne lui avaient jamais offert.

« Pourquoi buvez-vous ? » lança Simone, à qui Dédée avait presque tout confié pendant les longues heures de Limoges.

Angèle, à peine étonnée de cette demande si directe, répondit du tac au tac : « Pourquoi vous maquillez-vous ? »

Elles n'en rajoutèrent ni l'une ni l'autre...

Et elles baguenaudèrent dans des conversations de femmes vieilles, chacune grisaillant son passé comme pour mieux se convaincre de la nécessité absolue d'une communion d'âme à venir. Chacune se promettant d'être le complément de l'autre.

Manque d'argent, de voyages, de confort pour l'une, et de vérité, d'enfant, de mains sales pour l'autre...

Et c'est vrai que tout était dans leurs mains. Voyance à l'envers on y lisait le passé...

Les ongles longs, le pouce épais et la paume striée comme une galette des rois, c'était l'authentique.

La lunule épanouie, la phalange fine et le bijou lourd, c'était la fardée.

Une main que des bébés gencives en feu avaient mordue.

Et l'autre que des hommes requins avaient baisée.

Et pourtant, six heures à l'horloge et ces deux mains dormaient l'une en l'autre, et au bout les deux vieilles femmes aussi... Un entracte de quelques rêveries, une paupière lourde, et elles s'étaient assoupies, puzzle en bras et souffle chaud.

« Madame ! S'il vous plaît, madame ! »

Simone ouvrit les yeux sur une femme douce, porte-plume sur le bras d'un enfant léger endormi.

« Bonjour, Martine », bâilla Angèle.

Elle était là comme d'habitude. Comme si elle n'y était pas. Frêle et réservée mais emplissant tout l'espace de sa simplicité.

Femme église, elle avait absous en silence son Patrick de ses envies d'espace. Ils avaient divorcé jumeaux. Sans comptes, rancœur, ni espoir de raccommodage.

Elle savait qu'ils s'aimeraient toujours de l'autre amour, le plus beau, celui qui dure au-delà des peaux, des habitudes et des serments.

C'était la première fois qu'elle amenait Sébastien, leur fruit de quatre ans.

À l'hôpital elle n'avait pas voulu. Dans l'univers blanc il aurait bien compris le papa malade, alors que là, ils allaient le voir en vacances.

Elle le lâcha à l'entrée de la chambre éclairée aurore électrique par un lustre fatigué.

Il trottina jusqu'au drap de dessus, s'y accrocha pour grimper et déposa un baiser au front de l'enfant grand.

Patrick ouvrit les yeux, sourit.

« Bonjour, papa. »

Comme il ne répondait pas, le plus petit des deux enfants avança sa main potelée et caressa l'autre en souriant aussi.

« Tu piques alors parce que c'est plus doux le bisou à maman.

– Elle a eu mal et la méchante dame elle voulait pas le petit sans le papa qui va avec parce que le bon dieu il aime pas les bâtards, répondit Patrick.

– Le bon dieu il aime pas les doigts dans mon nez et le curé il l'a dit qu'il faut pas les mettre dedans.

– Dedans c'est cassé ma tête avec que je peux pas bien dire... »

Simone, Angèle et Martine observaient abasourdies ce dialogue incroyable que seuls eux deux semblaient comprendre.

Sébastien continuait.

« Ma tête aussi, je suis tombé sur la cour. »

Le petit attendit longtemps la réponse, mais Patrick n'entendait plus.

« Tu me dis, papa, allez », disait-il en le secouant.

Mais il ne savait pas que quand on veut qu'un papa comme ça vous réponde, on ne dit pas « tombé *sur* la cour » mais « tombé *dans* la cour ».

Et Patrick s'endormit.

À ce moment-là monta de la cour du château le ronronnement de la petite moto de Marie qui rentrait de faire les courses au village...

Sébastien se précipita tout excité à la fenêtre.

« Moto... moto. »

Martine l'attrapa.

« Allez, viens... »

Puis se tournant vers les deux femmes : « Il en a vu une dans un magasin, depuis il est comme un fou... »

Elle s'en voulut un instant d'avoir prononcé ce mot-là et, comme fautive, elle posa un baiser rapide sur le front de Patrick.

Elle ne s'aperçut pas que depuis le bruit de moto il ne souriait plus...

Pendant quelques mois encore la vie s'écoula douce et printanière.

Février, mars, avril, mai, juin, étaient passés sans qu'on ait pu supposer que juillet allait tout bouleverser.

En février, Angèle avait accepté un bijou de Simone, qu'elle arborait fièrement. Un collier tout simple auquel elle avait suspendu l'alliance de feu Gabriel son mari.

Simone en échange n'avait pas teint ses cheveux blancs.

Et Patrick avait recommencé à fumer.

En mars Olivier avait fini par rendre ses hommages à Simone au fond d'une nuit de vieux cognac et de cigares épais...

Le même mois, il avait provoqué en duel vers quatre heures du matin, et sous vieil armagnac cette fois-là, Jean-Michel, le gigolo de passage en Corrèze sous prétexte d'exclusivité.

Si Simone avait été comblée de ces projets de lavage d'honneur à l'ancienne, elle fut fort dépitée qu'Olivier commençât en traître par un gigantesque coup de pied entre les jambes. La réplique fut violente. Olivier cracha quelques dents, mais l'adversaire quitta quand même la place à jamais.

Patrick offrait tous les jours des fleurs à Marie.

En avril Sébastien vint faire une démonstration de mini-moto neuve au milieu des moutons...

Patrick s'était réfugié dans la maison et avait arraché tous les téléphones.

En mai un groupe d'enfants noirs venus des DOM-TOM vinrent visiter le château. Pour remercier Simone ils improvisèrent de très jolies danses rythmées. Ils firent une photo. Quand Simone la prit, Patrick riait aux éclats. Une fois développée, le visage de Patrick au milieu des enfants rieurs était d'une infinie tristesse. Elle se dit que le déclencheur avait dû partir avec un peu de retard.

En juin, Marie prit une semaine de repos. Patrick ne voulut pas quitter sa chambre pendant ces sept jours.

C'est là qu'il commença à écrire. Il emmenait son gros cahier rouge partout. Dès que quelqu'un voulait lire ce qu'il avait écrit, il grognait très fort et partait en courant.

Personne encore n'avait pu apercevoir la moindre ligne.

Tout le monde se résigna à lui laisser son secret, et même dans les moments d'inattention, où il s'en éloignait un peu, chacun avait la pudeur de ne pas succomber à la curiosité...

C'est en juillet que tout bascula.

Olivier décida de sortir Patrick d'Isatis pour la première fois.

Angèle et Simone avaient un peu rechigné, mais c'est Dédée qui avait eu le mot de la fin.

« Et puis quoi, ce n'est pas une bête, mon petit, on peut le montrer, non ? Ça ne peut lui faire que du bien », avait ordonné Dédée, soudain autoritaire.

Convaincues par le coup de gueule, elles en furent en plus rassurées.

« C'est la première fois qu'elle crie depuis... Ça veut dire qu'elle va mieux. »

Il fut donc décidé qu'Olivier et Dédée accompagneraient Patrick au bal du 14 juillet.

Les feux d'artifice ont toujours enchanté les enfants.

Dommage que ce soient les grands qui les tirent...

7

Camille

Patrick avait dormi huit fois, ce 14 juillet-là. Ils le réveillèrent la neuvième, enroulé au chat, au bas de l'escalier du donjon.

Olivier avait depuis longtemps renoncé à faire le porte-frère. On s'était habitué. On le laissait où il se posait, comme un chat justement.

Tout le monde était ému de cette première sortie. Comme d'une première maternelle, ou d'un départ à l'armée...

Simone avait fouillé dans les vieilles armoires pour lui trouver un costume de dehors.

La plupart du temps, Patrick sillonnait Isatis en tennis délacées, jean et pull-over trop grand.

Une vieille relation de Simone, présentateur de télévision des années 60, lui avait laissé un habit d'écran. Oubli de valise le jour où il les avait faites.

Elle avait vécu six mois, corps à corps avec l'ego angoissé de ce pitre beau, bonimenteur de singes et d'acrobates en noir et blanc, annonceur de clowns au samedi soir d'une télévision encore pubère.

Elle avait conservé la veste bleue, la chemise à jabot et le pantalon à bande, mue glorieuse de ce serpent à sornettes, comme un trophée de chasse.

Ces vestiges côtoyaient au fond d'un coffre des chaussons de danseur étoile, un chapeau claque de faux marquis, une livrée de maître d'hôtel, un uniforme de général et un « marcel » de routier bleu marine, faux pas d'un petit matin d'après théâtre dans un bistrot des Halles. Le muscadet et un air d'accordéon ayant livré Simone, ce petit matin-là, aux quatre volontés de camionneurs en goguette. Une volonté chacun.

Quand il descendit, vêtu de beau, le grand escalier, Simone ne put retenir une exclamation.

L'habit l'avait fait presque moine au point qu'il lui semblait revoir sa vedette d'alors.

La ressemblance était véritable et ne l'avait jamais frappée avant. Même tête blonde, même regard rieur, même démarche volontaire.

Il ne manquait que cette musique générique qui accompagnait les bravos d'entrée quand sa bonhomie illuminait le petit écran...

Elle s'écria : « C'est fou ! »

Patrick fit trois tours sur lui-même comme un mannequin maladroit et fier... Heureux de voir Angèle, Olivier et Dédée l'applaudir d'être présentable.

Il battit des mains comme un enfant de Noël et se précipita dans un coin, en sortant de la poche de l'habit son cahier rouge d'écriture.

Pendant un quart d'heure il écrivit. Vite. Fort.

Bien entendu personne n'osa s'approcher de peur de le voir se renfermer ou piquer une de ces colères terribles qui le submergeaient chaque fois qu'on avait tenté d'espionner sa plume...

Comme l'horloge tournait, Simone essaya : « Vous allez rater le feu d'artifice. »

Il ne répondit évidemment pas. En prononçant ces mots, elle n'était sûre d'aucune réaction, puisque le fonctionnement de Patrick s'assimilait pour elle à une loterie.

« On y va maintenant », fit Olivier.

Il ferma le cahier brusquement.

« Maintenant alors oui avec Olivier qui tout à l'heure a dit *dancing* il faut y aller ce soir la fête puisqu'il a dit aussi sancerre, tango, Solange et bander. »

Olivier s'inquiéta un instant. Pourvu que les autres n'aient pas saisi la clé. Il scruta les regards sans y trouver un signe d'illumination. Non... Rien.

Juste un petit agacement chez Simone, que la faculté d'Olivier à « déclencher » Patrick rendait presque jalouse. Il en fut soulagé.

C'est vrai que depuis qu'il avait « perfectionné » la clé, il prenait beaucoup plus de risques que quelqu'un ne la découvre...

En effet, pour mieux établir le dialogue avec Patrick, il avait mis au point un code complémentaire : les mots à consonance « an » pris séparément déclenchaient à coup sûr une réaction chez Patrick.

Mais si « sancerre » ne lui évoquait que le vin en général, « tango » la danse, « Solange » une fille et « bander » une érection ou les Indiens, les quatre enchaînés réveillaient des souvenirs liés par la logique.

Ainsi « sancerre, tango, Solange et bander », jetés ainsi à la volée, avaient réveillé dans ses méandres une nuit de 14 juillet d'il y a deux ans, où lui et Olivier après avoir beaucoup bu avaient ramassé au *Tango*, la boîte à chaudes, une Solange en rut qu'ils avaient chevauchée jusqu'au bout de la nuit.

Et Patrick avait compris qu'Olivier lui proposait un remake puisqu'on l'avait habillé beau en plus.

Olivier conduisait pour une fois prudemment en souci de son chargement de frère précieux. Dédée regardait défiler les bas-côtés. À l'arrière, Patrick en était à son dixième somme.

« Pourquoi pas Brive ? questionna Olivier.

– Parce qu'il y aura trop de monde. Et puis tu connais la mentalité », répliqua-t-elle.

Oh, que oui, Olivier connaissait. Une ville de province aux habitants pas plus méchants qu'ailleurs, mais colporteuse de ragots presque par obligation coutumière, et terriblement cancanière.

Traînée de poudre verbale, un simple flirt de boulangère se retrouvait le lendemain aux terrasses des bistrots du boulevard circulaire partouze dans le pétrin et les croissants chauds.

Et puis ce goût du paraître qui, sans être exceptionnel ou inattendu pour une ville de ce type, tournait parfois à la caricature quand la fausse bourgeoisie locale décidait de se pavaner.

Comme l'avait habilement analysé Olivier, c'était la ville de France où il y avait le plus de 504 avec des pneus lisses !

« Et puis, reprit Dédée, à Juillac, il y a grandi.

– Ouais, poétisa Olivier, le feu d'artifice y sera peut-être moins beau mais il y aura les yeux plus grands. »

Et puis Dédée se disait aussi qu'elle *le* croiserait, là-bas, qui sait ? *Le* qui l'avait couchée dans l'herbe du jardin du curé un soir de février 1953. *Le* qui avait ensuite fui les conséquences...

En attendant, « les conséquences » somnolait toujours à l'arrière.

Il ne se réveilla qu'au moment du choc.

C'est vrai que le feu était un peu orange quand Olivier avait traversé le croisement, mais il faut dire que l'autre chauffeur avait aussi un peu anticipé...

La collision fut légère et sans gravité... Une grosse peur, c'est tout.

Le Chauffeur descendit sans colère. Il était Chauffeur de métier, c'est pour cela qu'il possédait tout son calme en plus de la majuscule.

À l'arrière de la voiture à cocarde se trouvaient trois passagers. Une dame blonde et ses deux filles.

Le patron du Chauffeur, qui en toute simplicité avait pris place à l'avant, déplia sa longue silhouette et vint aux nouvelles.

Dédée, qui l'avait reconnu, semblait encore plus gênée d'avoir été un obstacle sur la route de cet homme dont elle collait, militante, les affiches de campagne électorale depuis fort longtemps.

« Dédée, quel hasard ! » s'écria presque jovial le député.

Puis redevenant grave : « Ça va, pas de bobo...

– Non, non, lui sourit Dédée.

– Eh bien, c'est là l'important. »

Il gratifia Olivier d'une poignée de main électorale, puis apercevant « les conséquences » à l'arrière, murmura au plus près de Dédée : « Vous avez reçu mon petit mot... »

Avant qu'il ne dise « accident », elle acquiesça d'un mouvement de tête plein de gratitude.

« Tout va bien, Jacques ? lança de la vitre ouverte la dame au sac à main de l'autre voiture.

– Oui, oui, Bernadette, ne vous inquiétez pas.

– Nous allions fêter le 14 juillet en famille à Sainte-Féréole, expliqua Jacques à Dédée qui ne le lui demandait pas.

– Excusez-nous, fit Dédée, à la fois fière et gênée.

– Y a pas de mal, et c'est le cas de le dire, y a pas de mal », dit-il en riant.

Ils ne perdirent pas de temps en constat inutile, sans

compter que quelques curieux s'étaient déjà garés pour regarder et qu'au train où allaient les témoignages locaux, l'incident pouvait très bien se retrouver plus tard à une terrasse de bistrot affreuse collision avec désincarcération voire amputation sur place de l'homme le plus important du département.

Les deux autos reprirent leur route. Toutefois, au moment de partir, elles se trouvèrent quelques instants parallèles tête-bêche, pendant que les curieux regagnaient leurs véhicules mal garés.

Pendant ces deux ou trois minutes, Patrick se trouva vitre à vitre avec une des deux filles à l'arrière.

Les deux autos avaient des chevaux et des luisances d'écart, et pourtant leurs regards étaient du même monde. Ils se fixèrent, souriants.

Et puis les deux voitures emportèrent, l'une vers un nid de tourbe, l'autre vers un nid de paille d'or, les deux oiseaux pareils.

Ils s'étaient garés place de l'église à quelques mètres de la maison où Patrick avait grandi près d'Angèle, et qui depuis avait été vendue.

Tous les visages familiers qui composaient la foule de ce soir de fête se retournaient sur l'attelage.

Dédée, accrochée au bras de son bâtard blessé, le guidait, mentant le bonheur dans mille sourires distribués à chaque porte de commerce ou de maison d'amis.

Mêlés au cortège en confetti, ils remontaient la grand-rue, à la suite de la fanfare locale qui les emmenait vers le petit étang du haut du village près duquel on allait tirer le feu d'artifice.

Le chemin fut parsemé de bises, de poignées de main, de « ça va », de « ça fait plaisir » sincères et pudiques, sous le regard bien sûr de quelques yeux aux fenêtres outrés qu'on exhibât ainsi le suicidé mal guéri dans tout son handicap.

Pourtant, mis à part le regard de « ravi » et la démarche un peu bancale du pied mal ossifié, Patrick n'avait pas le comportement « neu-neu » que le bouche à oreille avait propagé au nom du célèbre « de source sûre ».

« Oh ! la belle bleue ! » fit la foule, décidément pas avare de lieux communs.

Olivier remercia les dieux de la pyrotechnie qu'elle ne fût pas blanche, sinon sur quelle banquise, quelle neige ou quelle cocaïne aurait disserté le cerveau « déclenché » de Patrick ?

C'est à la « belle verte » que Dédée *le* vit, là, à quelques mètres, seul.

Et tout à coup un sentiment étrange commença à la pénétrer. Et si c'était *lui* le responsable ? *Lui* la raison du saut dans le vide ?

Patrick avait toujours mal vécu cette branche d'arbre sans racine sur laquelle il était perché.

Toutes les excuses, toutes les bonnes raisons de

l'époque – qu'elle avait aussi acceptées par fierté et défi – lui semblaient soudain affreusement lâches.

Il était convenu de la paternité, mais lui avait demandé le temps de la réflexion. Et puis sa jeunesse, sa famille, son avenir, non...

Il ne pouvait pas assumer.

Et elle, en guise d'insistance, s'était contentée d'un « bon, tant pis » qui la renvoyait à son courage et son indépendance précaire.

Elle ne lui en avait jamais voulu à *lui*, rejetant le déballonnage sur une empreinte familiale trop forte.

Mais là, ce soir, d'un coup elle *le* haïssait d'une seconde poussée.

Après une première hors d'un ventre abandonné, une autre peut-être, par procuration d'abandon, hors d'un train sans espoir.

Elle s'apprêtait à glisser vers lui pour lui cracher son désespoir et sa rancœur, lorsqu'elle s'aperçut que son bras était vide...

« Patrick... »

Olivier, lui aussi, se mit à scruter la foule. Il regarda par terre, à tout hasard. Peut-être un onzième sommeil. Non. Rien.

« Patrick... »

Et la fanfare attaqua... *Emportée par la foule.*

Les premières explosions, comme des pneus qui éclatent, avaient d'abord transi Patrick, et puis le gros monsieur d'à côté avait parlé à sa petite fille effrayée par le bruit.

« N'aie pas peur, ma puce, c'est pas méchant... »

Et Patrick avait murmuré tout bas.

« Oui, méchants tous avec moi et tous les gens autour plus les bombes qui pètent dans le ciel pour me viser alors il faut se cacher vite. »

Et il était parti à toute allure. Ignorant les manèges, loteries et attractions diverses, il avait traversé tout le village en fête comme un fou et serait allé se perdre loin dans la campagne voisine si sa course n'était pas passée devant le *dancing*...

« Il est parti en courant, dit le gros monsieur à Dédée.

– Par où ?

– Ça je peux pas vous dire, je regardais le feu... »

Olivier pris Dédée par l'épaule.

« Ne vous inquiétez pas, on va le retrouver, il a dû avoir peur du bruit.

– Il est redescendu en ville ?

– Non, je crois pas, il a dû filer vers le noir, le silence, vers la campagne plutôt, sur la route de Brive, venez... »

Et ils partirent à l'envers...

Le dancing rose et vert valsait au son d'un accordéon hésitant.

C'est le bruit de l'accordéon qui stoppa Patrick. Il se planta au milieu de la rue. Il faisait « non » de la tête.

Comme si sa mémoire soudain lui projetait des images qu'il ne pouvait pas fuir en courant.

Il attrapa son crâne à deux mains et se mit à le secouer comme s'il voulait en faire tomber quelque chose. Et puis il battit des mains devant ses yeux. Et il recommença à secouer son crâne de plus en plus violemment.

Les gens du village qui auraient pu le reconnaître étaient, hélas, tous au feu d'artifice.

Devant le dancing, il n'y avait que quatre ou cinq mômes d'une dix-huitaine d'années, indifférents aux « belles » vertes, qui flirtouillaient trois petites midinettes à minijupe et bottes de Skaï.

« Il est touché celui-là, s'exclama en riant le blondinet des trois.

– Qu'est-ce qui t'arrive, t'as des mouches dedans ? » lui cria la plus maquillée.

Patrick s'arrêta d'un coup. Il regarda la jeune fille avec le sourire serein.

« Oh oui ! dedans pour danser tous les deux parce que tu es gentille au lieu des bombes de là-haut avec les méchants qui explosent. »

La fille ouvrit des yeux deux fois plus grands que ne les lui avait faits le rimmel Monoprix.

« Qu'est-ce qu'il raconte ?

– Il a pas l'air clair », fit le plus grand.

Patrick s'était approché tout sourires. Il avança sa main vers les cheveux faux blond en frisures cascades...

« Touche pas », fit le grand en se levant et en lui retirant la main.

Patrick, toujours en sourire, avança de nouveau sa main.

« Non, mais il est pas bien ce mec ! Pour qui tu te prends ? »

Patrick murmura : « Prends oui je prends pour venir avec moi se serrer et des câlins partout. »

Olivier et Dédée lançaient des « Patrick, Patrick » aux fossés et aux champs qui bordaient la route.

« Je vais redescendre au village, continue à chercher, on va se faire aider », décida Dédée.

Olivier avait presque les larmes aux yeux.

« C'est de ma faute, j'aurais dû le surveiller mieux.

– Non, c'est la faute à personne. »

Et elle partit vers le village. Le bouquet final du feu d'artifice lui éclairait la route.

Patrick avait pris la première droite sur la pommette, et la deuxième, esquivée, sur l'épaule. Et puis il s'était déchaîné.

Les quatre mômes, sûrs de leur surnombre, avaient déclenché la bagarre sans hésitation. Ils étaient en train de le regretter.

Deux étaient déjà allongés au milieu des chaises brisées, et les forains de la loterie voisine empêchèrent *in extremis* les deux autres de subir le même sort.

Ils maîtrisèrent Patrick sans lui faire de mal et l'emmenèrent à l'écart. D'autres personnes commençaient à arriver. Patrick, maintenu par des bras solides, souriait toujours.

Le sourire du vainqueur. On le força à s'asseoir, et il s'endormit net.

« Ça y est, il est tombé dans les pommes... »

Dédée fendit la foule et se précipita sur son petit. Les gendarmes commençaient à faire circuler les badauds.

Les quatre mômes étaient debout, un peu chancelants mais debout. Et parés du grand manteau de l'innocence, ils répétaient sur tous les tons la complainte du « Nous, on lui avait rien demandé ».

L'habitude des bagarres de bal avait appris aux gendarmes à tout relativiser. Quelques arcades ouvertes, quelques bleus ne bouleversaient pas outre mesure une maréchaussée qui en avait vu bien d'autres en pays de rugby.

Patrick ouvrit les yeux.

« Qu'est-ce qui s'est passé ? » questionna le gendarme.

Patrick lui répondit par un sourire.

« Il ne parlera pas », fit Dédée.

C'est à ce moment-là qu'une fenêtre s'ouvrit et qu'une voix de femme dit posément : « De toute façon quand on a un mongol, on le cache... »

Tout le monde fit le silence, au point que le gendarme put saisir le grincement de dents de Dédée.

Elle n'avait pas eu besoin de lever la tête pour reconnaître la voix de celle qui vingt et un ans plus tôt lui avait dit qu'il fallait payer sa faute. L'assistante de mise en vie cachée derrière ses volets de bois bénis. Celle qui l'avait laissée souffrir, tant fille mère était pour elle un affront à son seigneur sanctifié. La chienne des deux qui lui avait reculé l'heure de mettre bas.

Et la sentence définitive du crapaud de bénitier tomba en phrase molle : « Voilà ce que c'est de se moquer du tout-puissant ! »

Patrick se leva et parla plus long qu'il n'avait jamais parlé.

« Puissant oui très puissant l'amour l'un et l'autre que tout le monde donne des cadeaux et des bises aussi au méchant qui me fait du mal... Parce qu'on a mon cœur comme toi aussi pareil qui coule dans le sang de tous ensemble... Un jour souvent on a faim dans le monde et où est-il alors dieu qui joue aux billes ou à l'apéro ? Mais l'amour c'est sans lui nous les hommes puisqu'il fait les cancers et les enfants qui meurent à l'usine où il travaille le malheur... Alors nous madame je t'aime qui dit puissant à la fenêtre là-haut qui me regarde et tu as raison... Puissant c'est fort au cœur qui bat sans le chapelet qui sert à rien puisque dieu a fait mal à ma tête et la fille avec les cheveux rouges et dorés qui m'attend dans le château que j'aime parce qu'elle est gentille... Allez, dors tes yeux tranquilles madame puissant à la fenêtre là-haut je t'aime autre chose mais je t'aime aussi... »

Il se rassit et s'endormit...

Bien sûr, ils n'avaient pas tout compris mais le sourire et quelques mots par-ci par-là les avaient laissés bouche bée. Patrick dégageait une telle bonté pure qu'ils semblaient tous éclairés d'un coup d'une lumière confuse et apaisante...

Olivier arriva en plein silence d'après. Dédée lui demanda juste : « Va chercher la voiture... »

Quelques instants plus tard, la banquette arrière recueillait le corps lourd de l'homme amour...

Ils roulaient.

Olivier ne posa aucune question. Au bout de dix minutes d'un silence pesant Dédée lâcha : « Il va peut-être falloir l'enfermer...

– Pour qu'il ne fasse pas de mal aux autres ?

– Non, pour que les autres ne lui fassent pas de mal...

– Les asiles, c'est fait pour les fous dangereux, c'est pas fait pour les enfants... Quel que soit leur âge.

– Les asiles sont remplis d'enfants. Tous les fous sont des enfants. Assassins, pervers, décalés. Mais des enfants... »

Elle avait oublié les enfants amoureux.

Il était zéro heure trente quand Olivier déposa Dédée devant la villa de la rue Barye.

Il comptait ramener Patrick à Isatis, le confier à Simone, et revenir se soûler à Brive.

Dédée monta les deux premières marches du perron, se retourna, jeta un dernier regard triste à la voiture qui démarrait et tourna la poignée.

Camille tirait sur sa pipe. Assis sur le canapé.

Camille était un homme bon. Fondamentalement. Et physiquement aussi. Des mains larges patinées par les travaux de la terre, les couteaux de boucher, les carcasses d'abattoir et les volants de poids lourds. Un visage anguleux, mais sans agressivité, la barbe naissante des vrais brun-noir aussi drue que le regard était doux.

Un fils des terres dures de basse Corrèze, élevé en ferme, la peau épaisse et la démarche solide.

Il aimait Dédée depuis bien avant Patrick. Il avait attendu patiemment. Et puis, en 1960, il l'avait épousée et lui avait fait un fils et une fille supplémentaires...

Il aimait les trois pareils comme aux anciens soirs de cheminée de campagne on caresse de la même affection les deux chiens de famille plus le corniaud égaré venu s'adopter.

C'était un silencieux économe de mots par tradition paysanne. L'exemple ancestral de vieux presque muets, dont la seule tirade était parfois de pester contre les intempéries en patois et en jurons dont le plus fréquent était *milla diou.*

Cela devait signifier « mille dieux », et déculpabiliser « l'unique » d'être obligé de partager les injures avec les 999 autres.

Quoi qu'il en soit, association de malfaiteurs où distributrice à son compte, la puissance céleste n'avait jamais été avare d'orages de grêle, de sécheresse et de phylloxéra.

Et tous ces coups du ciel avaient appris à Camille la patience, la résignation et la force de ne pas s'apitoyer sur soi-même, qui, si elles avaient cours aujourd'hui dans nos villes sans semailles, feraient la ruine de bien des psychiatres...

Le bonheur est dans le pré, pas besoin d'y courir quand on y est !

Dédée ne lui avait encore rien dit, mais son instinct d'homme de trait sentait la bête malade...

« Ça c'est mal passé ? » demanda-t-il.

Elle répondit par un soupir. Il n'insista pas.

Elle monta au premier étage où les deux enfants dormaient.

Elle s'assit au bord du nid chaud. Moites d'été, malgré la fenêtre ouverte, ils étaient éparpillés aux deux bouts du lit. Elle remonta le drap quand même. Un réflexe d'hiver et de protection...

Qu'allaient-ils devenir si elle conduisait à son terme la décision qu'elle venait de prendre ?

C'était la première fois de sa vie qu'elle désertait. Elle s'était toujours battue, toujours accrochée, mais là, elle sentait sa volonté la lâcher irrémédiablement. Elle se rassurait en pensant que Camille, lui, ne lâcherait jamais.

Elle pensa bien sûr au désarroi des petits, mais la brûlure était si forte. Et plus elle se cherchait des raisons de ne pas le faire, plus le feu gagnait du terrain.

Et puis arriva l'état second. Terrible, définitif. Celui qui brouille tout et qui avec une force irrésistible vous amène à l'échafaud avec la certitude que *rien* ne peut plus vous arrêter.

Elle se leva vite et prit l'escalier de derrière. Le jardin s'éclaira d'un bout de début d'orage quand elle l'atteignit.

Tout y était : le tonnerre lointain, l'air étouffant, les premières gouttes chaudes et, dans la tête, un volcan. De la peur, de la souffrance, un bord de précipice, des remords. Tout !

La corde était dans la remise au fond du jardin. Elle fit grincer la porte vermoulue et renversa quelques caisses avant qu'un éclair ne lui fasse découvrir la longe que Camille conservait près d'une vieille selle.

Un vieux seau à peinture lui servirait de marchepied. Elle sortit en trébuchant. Elle pleurait plus qu'il ne pleuvait. Et pourtant, l'averse la submergeait.

Elle se planta au pied du cerisier et lança la corde autour de la plus grosse branche.

Il y eut un éclair terrible qui lui montra les bras de l'arbre comme ces caricatures osseuses et crochues de l'antisémitisme de guerre.

C'est alors qu'une voix suivit le tonnerre.

« Et moi, alors ! »

Camille était là. À deux mètres. Chien de garde. Le bruit des caisses renversées avait confirmé ce qu'il avait lu dans l'abattement de sa femme.

Un éclair supplémentaire les flasha en arrêt.

Elle, la corde autour du cou, et lui tout à coup les deux genoux en terre.

« Et moi, répéta-t-il, je reste tout seul alors... Et qu'est-ce que je dis aux petits ? Et comment on fait après ? »

Et il se mit à pleurer, fort. Elle ne l'avait jamais vu pleurer. Il avait des soubresauts, la tête dans les larges mains.

Ses mots n'avaient été ni hurlés, ni lyriques, ni pressés. Ils n'étaient faits ni pour convaincre ni pour combattre. Ils étaient lui.

Et ce furent ces mots-là, ces mots de rien du tout, qui éteignirent le feu. Net.

Elle s'assit sur le seau à peinture. Un dernier éclair les illumina, tragiques.

Elle se dirigea vers lui, le releva sans étreinte et lui dit : « Viens, tu vas attraper mal. »

Quand ils éteignirent la lumière ce soir-là, dans le grand lit sec, ils ne s'endormirent bien sûr pas. Ni ne se blottirent d'ailleurs. L'amour était un bien piètre mot pour ce qu'ils ressentaient l'un pour l'autre. Un mot des villes.

Elle se tourna vers la fenêtre ouverte et vit un dernier éclair au loin. L'orage était au sud à présent. Là-bas, sur Patrick.

Elle ne savait pas à quel point.

8

Léon

Léon, même à l'envers, n'était pas un cadeau. Petit homme mou, il traînait depuis trente-neuf ans sa peau poulpe et son regard mesquin sans autre souci que sa propre existence, ses certitudes et ses intolérances. Leblanc, s'appelait-il, en ne l'étant que patronymiquement tant son âme était poussiéreuse et infecte.

Petit pharmacien parce qu'il n'avait pu être grand chirurgien, il bavait en permanence sur ceux qui l'étaient, leurs incompétences, leurs prétentions et bien entendu leurs fortunes.

Il critiquait d'ailleurs systématiquement tout ce qu'il n'avait pu être. Cela allait de tout ce qui était célèbre à ce qui était puissant ou simplement heureux.

Il s'était établi à Vayrac, petite bourgade à trente kilomètres au sud de Brive, après avoir, on ne sait comment, touché de grosses indemnités sur sa pharmacie parisienne qu'il avait lui-même fracassée et dévalisée en cachette, profitant des émeutes de mai 68. Les habitants l'avaient d'ailleurs surnommé « le Parisien ».

Sa femme, Élise, l'avait quitté en juin 1971. Ce professeur d'histoire-géographie avait craqué à cause d'une dispute de jaloux à la suite de laquelle il l'avait encore frappée.

Ce soir-là, elle lui avait raconté comment elle avait favorisé un jeune garçon marié et père de famille à l'oral du bac, à Brive.

S'étaient ensuivies des remarques du genre « J'espère qu'il t'a bien remerciée » ou encore « T'as raison de les draguer jeunes, ils sont plus vigoureux ».

Ce qu'Élise n'avait pas supporté, c'est que cette scène se déroulât devant Marie, leur fille de treize ans...

Pendant toute la procédure du divorce, il avait utilisé les moyens les plus sordides pour l'acculer, allant même jusqu'à utiliser un ami, frère d'ignominie qui sous prétexte de solidarité passait de longs moments avec elle.

Ce qu'elle avait pris pour un soutien sincère et sans équivoque s'était révélé un bien sordide traquenard.

Un baiser d'amitié, un dîner à l'écart, un bras amical autour du cou, une chambre d'hôtel où il lui avait donné rendez-vous pour lui offrir un livre rare, une bousculade sur le lit et des photos avaient fait le reste.

Photos que d'ailleurs Léon s'était empressé de montrer à Marie pour se justifier et lui prouver que c'était avec lui qu'elle devait rester. Ce qui fut fait.

Depuis trois ans, Marie vivait donc avec ce père autoritaire et fourbe, qu'elle ne haïssait pas et pour qui elle avait de la tendresse tant ses dons de comédie et de dissimulation étaient importants.

Car le double jeu, chez cet homme, tenait du grand art.

Il manifestait en société une telle révolte devant les injustices de la vie, et en privé de tels comportements de victime parfaite, que tout le monde s'y laissait prendre.

Il avait le don de transformer ses coups bas en légitime défense, ses délations en vérités premières et ses lâchetés en sagesse.

Président des chasseurs du coin, il avait trouvé de véritables amis chez quelques sous-doués du cœur, qui en avaient fait le chantre mou de leurs visions vénériennes.

Marie, qui de temps en temps entendait de-ci de-là que son père était une ordure, mettait ça sur le compte d'une ordonnance refusée ou de l'ulcération non violente d'un protecteur de palombes.

Retirée de l'école à seize ans, elle avait cru aux arguments de « vie qui s'apprend sur le tas », sans soupçonner que son placement comme bonne à tout faire au château Isatis voisin n'était en fait qu'un vil moyen de gratter quelque argent supplémentaire pour faire bouillir la marmite et éviter les dépenses forcées de longues études.

Même les menus larcins aux armoires et au portefeuille de Simone avaient trouvé la bénédiction et l'encouragement paternels au nom de la sacro-sainte lutte des classes.

Car l'homme était pingre et parfois procédurier, se drapant dans le bon droit chaque fois que l'occasion était trop belle de réclamer quelque argent mal dû.

Léon Leblanc, clone bien français de la surmultitude fangeuse de notre beau pays, se rendait donc, ce soir du 14 juillet 1975, au grand bal public et gratuit de Vayrac, à bord de sa 4L d'occasion extorquée en caution à une veuve pauvre à qui il avait prêté l'appoint pour enterrer décemment l'homme de sa triste vie.

À ses côtés Marie, en congé de fête nationale, brûlait de retrouver Nicolas, le petit ami certifié conforme par Léon, plus au vu de son ascendance notariale que de ses aptitudes de prince charmant.

Le premier prince charmant que Marie avait présenté à son père était portugais et de surcroît fils de gens du bâtiment. Francs aurait ajouté un intérêt certain, mais maçons seulement était rédhibitoire.

Militant antiraciste avoué, il était évident qu'il devait dissimuler la raison profonde de son avis défavorable, à savoir : « C'est quand même pas un fumier de portos qui va toucher ma fille », en une explication à la fois plausible et dénuée de toute connotation xénophobe.

Le fumier lui-même s'appuya sur sa culture pharmacologique pour inventer une médication qu'il prescrivait soi-disant en cachette à la famille Da Silva et dont le côté antiviral ne lui disait rien de bon...

Entre quelques bisous volés et une maladie probable et difficilement curable, la naïveté de Marie choisit la rupture.

Antonio en pleura un peu, mais se consola vite avec une Christine dont Marie évita dès lors de partager les plats à la cantine.

La 4L roulait sur la départementale tranquille lorsque Léon aperçut dans le rétroviseur une Matra Bagheera, le must frime de l'époque. Et, réflexe naturel d'un habitué des pleins phares au dernier moment et de la file de gauche au ralenti sur les autoroutes d'été engorgées, il se cala en plein milieu de la route pour éviter tout dépassement...

Le pont de la rivière Kwaï avait beau s'égosiller à l'arrière, Léon, crétin jubilant, maintenait son allure d'escargot.

Marie osa.

« Papa, pourquoi tu le laisses pas passer ?

– Quand on a les moyens de se payer une voiture comme ça, on a les moyens d'attendre. »

Ça, c'était de la réplique !

Marie se dit que c'était de la connerie gratuite, mais tenta de l'exprimer plus sagement.

« Ça t'avance à quoi ? T'es jaloux ? »

Léon se retourna vers elle, furieux. C'était la première fois qu'il lui voyait ce regard insolent... Piqué au vif, il lança : « Qu'est-ce que c'est que ces manières ? Tu vas changer de ton, oui ? »

Et ce qu'il n'avait jamais imaginé arriva.

C'est vrai que depuis quelque temps Marie avait changé.

Le ton libre de Simone, la sagesse d'Angèle, Olivier qui la traitait comme une petite sœur, et surtout, surtout, les mots fous de Patrick qui se mariaient si mal mais sonnaient si juste. Tout ça l'avait beaucoup transformée.

Et puis ce que Léon ne savait pas c'était « la rencontre ».

Il lui avait toujours interdit de revoir sa mère hors de sa présence. Mais, un soir de tristesse où Marie s'était confiée à Simone, celle-ci avait décidé de faire venir en cachette Élise au château...

Une mère et sa fille étaient entrées en confidences derrière la porte en velours, mais c'étaient deux femmes qui étaient ressorties du petit salon.

Marie avait grandi en une heure.

Elle n'avait rien dit à son père, mais depuis avait cherché, testé et si bien compris qu'en ce 14 juillet, fête de liberté, sa révolution passait d'abord par six mots qui la brûlaient depuis une semaine, six mots clés de cage qui étaient la porte ouverte de son envol prochain : « Papa, t'es un gros con ! »

La 4L pila sur le bas-côté, libérant ainsi la route à la Matra bras d'honneur.

La gifle partit sèche et violente. La tête de Marie tapa la vitre. Et elle replanta ses yeux verts et sûrs dans le regard vexé de son père, puis dit d'un ton serein : « Vas-y, cogne, c'est tellement facile, t'as l'habitude avec les femmes. »

Léon frappa à nouveau. La bouche en sang, Marie continua en souriant.

« Continue, ça te soulage. »

Il porta la main à son cœur. Il ouvrit la bouche comme un poisson qui cherche de l'air. Puis il sortit de la voiture en titubant, tomba à genoux sur le bas-côté et finit les bras en croix dans l'herbe chaude.

Marie n'avait pas bougé.

Le coup du cœur malade, elle le lui avait souvent vu faire pour sa mère quand, en bout de colère et de mauvaise foi, il était à court d'arguments.

Elle faillit quand même y aller au bout de trois minutes, mais la suspicion était plus forte que l'angoisse. Il était toujours immobile.

Et si c'était un vrai malaise ? Non, il fallait tenir.

L'œil mi-clos de Léon la vit cependant descendre de la voiture. Il se dit que le simulacre allait encore marcher.

Mais la petite silhouette s'appuya sur la voiture, alluma une cigarette, et ne lui jeta pas même un regard...

Tout doucement, il commença à se redresser.

« Je suis resté évanoui combien de temps ? » demanda-t-il la voix éteinte.

Elle répondit narquoise :

« Le temps que tu as voulu... »

Démasqué, il n'avait plus qu'une arme : l'apitoiement.

« Ma petite fille, ma toute petite, qu'est-ce qui nous arrive ? Oh, je sais bien, c'est l'âge ingrat, mais est-ce que je mérite ça, moi qui ai toujours tout fait pour toi. C'est vrai que je n'aurais pas dû te frapper, mais tu sais bien que mes nerfs sont malades depuis que ta mère m'a trahi.

– Maman ne t'a jamais trahi. Jamais. Tout était manigancé. »

Elle l'avait dit avec une telle assurance qu'il devina « la rencontre ».

« Tu l'as revue sans moi », fit-il, soudain moins compassé.

Elle ne mentit pas, lui raconta l'entrevue, son dégoût de lui et l'envie qu'elle avait désormais de vivre à Isatis puisque Simone le lui avait proposé.

« Et tu crois que ça va se passer comme ça ? hurla-t-il, soudain redevenu lui-même.

– Bien sûr que ça va se passer comme ça. Et si tu m'en empêches, je suis prête à dire aux gendarmes que tu m'as tripotée.

– Mais c'est ignoble, fit-il, pour une fois réellement ulcéré.

– Bien sûr... Faux et ignoble. Mais s'il le faut Maman témoignera... Écoute-moi bien, je ne te renierai jamais, parce que tu es plus à plaindre qu'autre chose, mais j'ai trop honte de toi. Je ne supporte plus tes caresses de chien, tes bassesses, ta respectabilité vendue. Tu ne m'as jamais tripotée, c'est vrai, mais je suis certaine que les soirs où tu te réfugiais dans mon lit sous prétexte de tendresse paternelle ton esprit a dû bien souvent balader ses mains sur mon ventre. Tu es un porc, et tu peux me frapper tant que tu voudras, me tuer même, ça ne changera rien à ce que tu es. Et encore, quand je parle de me tuer, je ne prends pas d'énormes risques. Ton standing de grand lâche t'interdit les remords. Tu souffrirais trop. »

Elle avait tout jeté dans un seul souffle méprisant, et il en resta muet encore un long moment.

La sentence était si terrible, si juste, que pour une fois son abattement n'était pas feint. La voix faussement éteinte de tout à l'heure, cette fois l'était vraiment. Il balbutia : « Dans le lit c'était de la tendresse. »

Ses yeux étaient si embués qu'elle le crut. Et pourtant ce n'était pas vrai.

Comme les grands criminels convaincus de tous leurs forfaits ont à cœur de s'amnistier de ce qu'ils considèrent comme des peccadilles, il s'absolvait de la pensée incestueuse.

Il savait bien que cela ne changeait rien, mais la nature fétide est ainsi faite, que face au miroir même la créature la plus disgracieuse efface d'une pointe de fard le petit bouton de fièvre.

Il remonta dans la voiture. Elle prit place à côté et lança, de plus en plus cynique : « Que ça ne nous empêche pas d'aller au bal ! »

Il était vaincu.

« D'accord, mais j'aimerais faire un crochet par le château pour régler ça tout de suite avec Mme Simone.

– Si tu veux. »

Les fenêtres d'Isatis dormaient, sauf celle du petit salon. Seule la douce mélopée d'un duo de voix troublait la quiétude de l'air d'été.

Simone papotait avec le Dr Bergman autour d'un thé frappé.

Elle avait appelé le docteur vers vingt-trois heures pour un petit problème de reins, mais c'était à présent l'ami qui lui faisait la conversation. Elle aimait passer de longues heures suspendue aux paroles sages de cet homme rare.

Martin Bergman avait atterri à Turenne en 1943. Son histoire, hélas, était le carbone noir nuit et brouillard de tous ceux de sa confession qui avaient fui le Paris allemand, le cœur déchiré et l'étoile cousue.

Ce qui fascinait Simone, c'était que cet homme bon, accablé de pertes chères et de cauchemars de vélodrome, ne nourrissait aucune haine.

Ce qu'il avait subi, il ne le mettait pas au compte du seul antisémitisme, mais il considérait cette abominable persécution comme un maillon de plus dans la longue chaîne des charogneries humaines de tous les temps.

Il se sentait juif bien sûr, mais aussi Noir d'Afrique ou Indien d'Amérique, se gardant bien d'en faire un paravent systématique. Il savait bien que le plus court chemin pour devenir bourreau passait à chaque fois par l'état de victime.

Il les redoutait tant, ceux qui volent, lassés d'être volés ; ceux qui tuent, lassés qu'on tue les leurs.

« Mais quand même, disait Simone, ils ont massacré vos enfants, la persécution est bien réelle, et l'esprit de vengeance ne serait pas cruauté mais justice.

– Oui, répondait-il sans émotion, mais il n'est de pire excuse que ses propres blessures. Je veille chaque jour à ne pas me servir de mes douleurs comme prétexte ultime. À trop polir son étoile, il arrive qu'elle vous aveugle... Je suis juif par conviction et quelquefois antisémite par précaution. Si un loup tue vos chiens, il faut tuer le loup. Hélas, les hommes passent plus de temps à apprendre aux chiens à mordre qu'à traquer les loups. »

Simone tirait de cet humanisme parfois naïf et utopique, mais bien réel, la force de ne jamais s'apitoyer et un dégoût certain pour ceux qui cachaient leur cruauté derrière des béquilles, des décorations d'ancien combattant, des couleurs de peau, des deuils récents ou des trahisons vieilles.

Aussi ce fut avec désenchantement qu'elle vit se garer dans la cour du château la voiture de Léon Leblanc...

L'apparition brumeuse de cet être hideux d'amertume venait lui gâcher le soleil rare des mots simples et saints du Dr Bergman.

Car elle l'avait depuis longtemps mis au jour.

Il avait entrepris, un soir de tête-à-tête courtois, une longue plainte faite de carrière contrariée, de maladie bénigne, de physique ingrat, de manque d'affection maternelle, et surtout de souche marocaine du côté d'une arrière-arrière-grand-mère qui le faisait devenir arabe à la première brimade.

Comme si les gendarmes qui, trois ans plus tôt, lui avaient retiré son permis pour conduite en état d'ivresse, avaient deviné son arbre généalogique dans sa carte grise.

Elle avait pris un matin Marie la main dans son sac et, aux balbutiements gênés de l'adolescente, avait bien compris qu'elle n'était que pantin. Elle s'était juré, depuis ce jour, de tout faire pour sortir la petite de ce traquenard permanent.

Aussi, quand elle vit Marie descendre de l'auto, légère et décidée, précédant d'un pas alerte le père courbé et ennuyé, elle sut qu'elle avait gagné.

« Mon père veut vous parler, madame, lança joyeuse Marie en escaladant le perron.

– Qu'il entre, répondit Simone.

– Non, je souhaiterais vous voir sans témoin et plutôt dehors », lui jeta-t-il, faussement autoritaire.

Simone sortit et, arrivée à sa hauteur, lui dit simplement : « Par là. »

Et ils allèrent s'asseoir à une dizaine de mètres sous le chêne centenaire.

« Avant que vous ne parliez, commença-t-elle, sachez, cher monsieur, que je ne vous porte point dans mon cœur. Et permettez-moi de vous dire sans ambages que votre ex-épouse fait partie des gens auxquels je porte la plus haute estime. Et donc, *a contrario*, celle dans laquelle je vous tiens est proche du néant tant vos forfaitures sont viles. »

Simone pensait que ce langage distancié aurait pour effet de placer l'entretien sur des hauteurs de bonne tenue. Elle oubliait un peu vite que si le fourbe était attentif aux mondanités en attente d'intérêt, il pouvait aussi, sachant la cause perdue, baisser le masque pour ne se consacrer qu'à l'essentiel.

Et même si le ton fut surprenant, le discours fut logique.

« Écoute-moi, vieille peau, et va pas crier à l'infamie, sans ça je balance à tout le monde, et aux flics d'abord, tes dons cachés pour l'aiguille à tricoter. »

Simone avait blêmi.

C'était vrai que, depuis qu'elle avait entamé sa rédemption altruiste avec Patrick, elle avait ajouté une corde à son arc de charité.

Nourrie des souvenances d'une activité qu'elle avait pratiquée il y avait bien longtemps et pour l'argent de quelques filles à papa de Neuilly, elle avait repris une activité clandestine de « faiseuse d'anges », mais cette fois par pure dévotion. Et en cette époque sans avortement légal, elle avait soulagé deux ou trois jeunettes de seize ans prises au piège de la méthode Ogino.

« J'ajouterai qu'en tant que pharmacien véreux – voyez que si nécessaire je sais être lucide – c'est moi qui ai vendu, sous le manteau, très cher ça va de soi, ce qu'il fallait à la pauvre Sophie. »

Là, Simone était au bord de l'évanouissement. Avec Sophie ça s'était très mal passé. Elle avait failli mourir, et à présent ses chances de fécondité étaient pratiquement nulles.

Simone respira un bon coup et se reprit. L'adversaire était de taille. Ce n'était pas le moment de craquer.

« Et pourquoi ne m'avez-vous pas fait chanter plus tôt ?

– Quand je vais au lièvre, répondit-il, j'ai toujours une grosse chevrotine en réserve pour le sanglier. J'attendais que tu sortes du bois, vieille pute.

– Je ne vous permets pas, s'offusqua-t-elle en se dressant, veuillez partir immé... »

Il l'interrompit violemment.

« Ta gueule, assise... Pas bouger. »

Elle eut un long regard dont il ne saisit que la haine.

« Écoute-moi bien, " baronne ", la petite a choisi. O.K. Tu la gardes, mais c'est 3 000 par mois, tous les premiers lundis de la main à la main... Et surtout " chut " pour la transaction ou je te promets que je te balance. C'est clair.... Et puis lui dis pas trop de mal de moi, dans le fond tu sais, je suis pas un mauvais gars. Je suis méchant parce que tout le monde l'est. »

Simone baissa la tête et murmura : « Non, tout le monde ne l'est pas... »

Comme s'il avait lu dans ses pensées, il ricana.

« Tu dis ça pour le toubib youpin ? »

Elle ne répondit pas. Il reprit : « C'est ça, rêve. Combien il en a sauté de patientes avec son air de pas y toucher.

– C'est pas un crime, protesta mollement Simone.

– Non, mais c'est un youpin, et moi je les ai jamais aimés.

– Qu'est-ce qu'ils vous ont fait ?

– À moi rien, mais ils tiennent tout et moi ça m'emmerde, et comme dit mon pote Raymond : " Y a pas de fumée sans eux "... Elle est drôle, non ? »

Simone le regarda avec une infinie tristesse.

« Je vous plains...

– Moi aussi je me plains, répliqua-t-il, mais ça m'empêche pas de dormir. »

En remontant seul dans sa voiture, Léon lança à Simone : « J'apporterai ses affaires demain, souhaitez-lui unc bonne nuit de ma part. »

Marie n'avait même pas voulu lui dire au revoir et contemplait la scène d'une fenêtre éteinte.

« En tout cas, soyez sûr qu'au moins, à partir de maintenant, votre petite sera heureuse. Avec moi, il ne peut rien lui arriver. »

Léon la regarda, malicieux. Au fond de lui il savait bien qu'il ne pouvait rien arriver, mais il ne put s'empêcher de se « mentir », oiseau de mauvais augure.

« Il ne faut jurer de rien, baronne, de rien. »

Lui-même ne savait pas, en démarrant, combien, pour une fois, ces mots mentis allaient se révéler exacts.

« À partir d'aujourd'hui, ce sera ta chambre », dit Simone à Marie avec un sourire tendre.

Marie, qui pourtant avait fait cent fois le lit pour les amis de passage, semblait découvrir un autre endroit.

Tout paraissait plus grand, plus soyeux. Elle caressa les rideaux verts, le bras du fauteuil en velours vert, le tissu vert des murs. Elle allait passer la plus belle nuit de sa vie.

« Le bois de cet arbre est si tendre. Regardez, mes apôtres, l'empreinte noueuse de siècles de vent, de bourrasques et de lumière divine. Il s'élève là fort et irrésistible cet arbre campé sur ses racines mères assoiffées de terre noble. Il est la vie, l'espoir. Un abri pour les pauvres et les chiens égarés. Il est en bout de branches le nourrisseur de tous. Il offre ses fruits mûrs aux déshérités. Il dessine des ombres aux ivres de soleil et les apaise un peu, adossés à son flanc, que des oiseaux parfois viennent trouer aussi. Cet arbre est un symbole, mes apôtres, de force et de générosité. Qu'il soit béni par vous pour les siècles à venir. Et plus tard vous direz, Jésus nous l'avait dit, c'est dans les bras d'un arbre protecteur, généreux, qu'il faut passer sa vie et le prendre en modèle à chaque tentation. Acceptez qu'on vous cueille, qu'on s'abrite de vous, qu'on suspende à vos branches des lumières que, de loin, le pèlerin perdu aperçoive et accoure. »

Ainsi parlait Jésus, ou aurait pu parler, car cette parabole n'a été inventée que pour le parallèle entre un arbre protecteur et une chambre verte de bois vieux aux senteurs de confort et de bonheur à venir.

Jésus parlait d'espoir et de vie.

C'est dans cet arbre-là qu'on fabriquera sa croix!

Marie s'était allongée sur le dessus-de-lit vert. Elle croyait au symbole... Ce soir c'était l'espérance qui la couvrait. Il faut se méfier des croyances.

Au bout de l'allée s'approchait la voiture d'Olivier qui ramenait Patrick au château. Il était une heure du matin et l'orage était encore loin, là-haut au nord sur Brive.

9

Marie

Le petit pavillon à l'autre bout du parc ressemblait à une bonbonnière et les bonbons étaient deux. Regard sucré, Olivier fixait Simone prête à fondre.

Elle avait réussi à le convaincre de ne pas retourner se soûler à Brive.

Quand il était redescendu du donjon, où il avait couché Patrick, son regard avait frôlé l'entrebâillement de la porte de la chambre où Marie allongée, à peine recouverte d'un drap fuyant, somnolait les mains perdues dans ses cheveux de feu. Il avait avalé deux fois sa salive à la vision de son ventre nu.

Arrivé au bas de l'escalier il demanda : « La petite dort ici ? »

Et Simone raconta. Olivier fit lui aussi le compte rendu de la soirée. Et tous deux se sentirent tout à coup très las. Trop de violence, trop de mots trop forts, et un immense besoin de quiétude. Elle murmura : « Et si on allait boire un verre de vieux vin au pavillon. »

Olivier savait bien ce que cela signifiait. Le scénario était toujours le même. Au deuxième verre elle s'allongeait sur le petit canapé et il la prenait violemment. Vite.

C'était une hurleuse. Et le prétexte du pavillon tenait plus à la nuisance sonore qu'au romantisme. Elle ne savait pas jouir sans y rajouter des cris d'extase, des « oui » à *i* multiples, des « encore » qu'Olivier tentait vainement d'étouffer d'une main lourde en guise de bâillon.

Ce soir-là, pourtant, ils en étaient au quatrième verre et le canapé les attendait encore.

La moiteur, le silence et les événements du jour les avaient habillés d'autre chose.

Ça flottait entre leurs yeux au-dessus du chandelier du milieu. Une tendresse en patience, vieille peut-être du tout début, leur avait volé le désir. Elle, cuisses sèches, et lui, pantalon sans bosse, se faisaient l'amour du bout des mots avec une infinie volupté.

« Vieille, lui dit-il avec franchise, c'est vrai que tu es vieille. Enfin, je veux dire, ta peau est détendue, tes seins usés et ton rose à lèvres se perd souvent sur tes dents. Tes paupières sont lourdes et tes mains tachetées. Et pourtant quand j'embrasse une gamine de hasard il manque ta main sur ma nuque et le regard d'après. »

Elle eut un sourire tendre et ses yeux se mirent à luire un peu plus. Elle essayait d'y faire passer toute son âme. Et puis elle pleura.

« Je t'ai blessée, fit-il, ennuyé.

– Oh non ! Continue, surtout. N'arrête pas. Ça fait si longtemps que je n'ai pas ressenti cela.

– Peut-être que tu ne le méritais pas. »

Il est des moments comme ceux-là qui échappent à la pesanteur. Ils restèrent longtemps suspendus ainsi au-dessus des choses. En vol libre. Ils atterrirent bien sûr peau contre peau au ventre du canapé, mais cette fois elle ne cria pas.

Et lui n'alluma pas tout de suite la cigarette qui enfume si bien les après-amertume des hommes assouvis.

Ils se laissèrent glisser dans un demi-sommeil irréel et sourd à tout ce qui n'était pas leurs souffles ou leurs battements de cœur.

Ainsi n'entendirent-ils pas au loin, de l'autre côté du parc, le moteur en sourdine d'une voiture avançant lentement pour se garer devant le perron.

Patrick s'était réveillé vers quatre heures.

Un cauchemar : le trottoir d'une grande ville, et trois hommes dans une voiture qui le poursuivaient. Comme tous les cauchemars, irréel et sans grande logique. Il ne connaissait pas cet endroit. Ils avaient fini par le coincer et lui avaient dit que des millions de gens le regardaient et qu'il fallait cesser de parler. Il s'était réveillé au moment où l'un d'entre eux parlait de civisme...

Pas de monstres, pas de sang, pas d'horreur ni de serpents dans son rêve, et pourtant il en était sorti tout bouleversé.

Il alluma, puis mit une serviette autour de son corps nu et entreprit de descendre à la cuisine boire de l'eau.

Malgré son cerveau blessé, ses mots bizarres et ses sommeils soudains, l'accident n'avait guère transformé ses réflexes au quotidien. Il buvait, mangeait, marchait tout à fait normalement.

Et c'est tout à fait normalement qu'en arrivant à la hauteur de la chambre de Marie il s'arrêta, curieux devant l'entrebâillement... Ce qu'il vit le figea un instant, puis son corps fut pris d'un violent tremblement.

Marie était à plat ventre, nue. Belle, si belle. Rien que cela aurait déclenché chez n'importe quel homme normal une brusque montée de chaleur ou un tressaillement bien légitime.

Mais les yeux de Patrick n'étaient pas fixés sur les reins superbes, ou la petite pointe de sein surgissant en profil.

Non, ses yeux hypnotisés s'étaient plantés plus haut au cœur de l'oreiller où la main blanche venait de tourner une page de plus du CAHIER ROUGE !

Son cahier, son secret, son trésor...

Il resta de longues minutes dans l'ombre à trembler. Puis il poussa la porte doucement.

Marie ne l'entendait pas. C'est l'ombre projetée de sa silhouette sur la feuille qu'elle lisait qui la fit sursauter. Elle poussa un cri, se retourna, et son premier réflexe fut de se couvrir.

Il était statue, immobile et nu. Sa serviette avait glissé.

Elle lui sourit.

« Viens », dit-elle très doucement.

Aucun morceau de lui ne frémit.

« Viens », répéta-t-elle, en faisant un signe de la main.

Elle avait presque tout lu. ELLE SAVAIT.

Comme il ne bougeait toujours pas, elle sortit du lit sans pudeur, se colla contre lui et lui donna un léger baiser sur la bouche. Elle prit ses bras et les enroula de force autour de ses reins. Puis elle frotta doucement son sexe roux sur sa cuisse. Sa main caressa d'abord les cheveux, la barbe naissante, puis descendit.

Elle murmura à son oreille : « C'est la première fois, il faut que tu sois doux. »

Et elle l'entraîna sur le lit.

« Je l'aime ses cheveux roux et or que mon cœur bat de plus en plus fort le soir quand elle part la moto. Et peut-être elle va me croire la vie belle que je vais lui dire et des oiseaux partout dans nos yeux. Et sa peau aussi, son odeur à moi dans ma main je la caresse et jamais je la punis c'est beau tu sais. Les autres ils ne savent pas l'amour bien parce qu'ils réfléchissent tout et ses fesses et coucher avec elle, et moi aussi bien sûr mais pour l'aimer du bonheur... »

C'est par ces mots que commençait le cahier rouge. Les cinquante pages remplies étaient tendresse, amour et passion, sans faute de goût ni d'orthographe.

Bien sûr, Marie avait été touchée. Plus même, tant se dégageait de cette écriture maladroite et sincère un parfum d'absolu.

Marie était plus intelligente, plus sensible mais aussi plus révoltée que la moyenne.

La seule lecture du manuscrit ne l'aurait pas poussée à donner ainsi son corps pour la première fois.

Mais cette nuit était différente. Sa première nuit de vraie vie. Sa révolution.

Le Hasard d'un cahier oublié, un entrebâillement, l'orage qui grondait si près...

Le sexe qui la perçait, éclatait son enfance. La souillure la lavait. Elle était à la fois elle-même et peut-être aussi sa mère s'arc-boutant aux poussées d'un amoureux de passage.

Il était aussi bestial que ses mots volés étaient doux. Elle s'en fichait, ne bougeait même pas, les yeux grands ouverts suivant les soubresauts du ciel de lit.

Elle le sentit s'échapper en elle. Un long flot. Il dégoulinait de sueur animale. Il n'eut même pas un soupir d'orgasme. Rien.

Le balancement cessa. Il resta lourd sur elle... et s'endormit.

Elle le repoussa avec peine sur le côté, le regarda un instant en souriant, caressa ses cheveux mouillés, et la flamme de son briquet sembla illuminer toute la pièce.

C'était un énorme éclair. Le tonnerre éclata à sa première bouffée de cigarette. L'orage était là. Elle n'eut qu'un mot à l'esprit : « délivrance ».

C'était le 15 JUILLET À 5 HEURES... La vie n'était pas si moche. Isatis était calme et l'orage s'éloignait.

Angèle dormait au rez-de-chaussée. Elle faisait des rêves de grand-mère pauvre.

Olivier, blotti au sein de Simone, ronflait comme un sonneur.

Patrick se réveilla en sursaut. Marie fumait toujours, sourire aux lèvres et les yeux dans le vague. Il la regarda tendrement et lui caressa l'épaule. Elle se tourna, prit appui sur un bras et lui rendit sa caresse au visage. Il allait l'enjamber à nouveau lorsqu'elle le retint.

« Non, plus maintenant.

– Maintenant, c'est fini, mais génial, putain génial, fit-il en se caressant l'entrejambe. Et je t'aime encore plus au fond de mon âme et à mourir pour toi s'il fallait donner mon sang pour notre amour. »

Il se leva, ramassa son cahier rouge et partit, nu, dans l'escalier en chantant.

Et Marie pensait qu'effectivement il était génial. Vulgaire par inadvertance, brutal par nature, mais tellement rassurant dans son dérangement.

Le peu qu'elle avait connu des hommes, hommes enfants ou hommes vieux, était toujours entaché de quelque chose de calculé, de prémédité. Lui était source claire. On y lisait l'amour en transparence.

L'acte d'amour ne lui avait donné aucun plaisir, et elle se voyait mal offrir sa vie nouvelle si pleine de promesses d'aventures à cet infirme, tendre certes, mais déraisonnable.

Quel avenir ? Quelle vie à deux ? Et elle qui voulait cinq enfants ! Où s'arrêterait l'hérédité des séquelles ?

Non, impossible...

Pourtant quelque chose d'étrangement attirant poussait la moindre de ses pensées vers cet homme gosse. Il venait juste de la quitter et elle éprouvait déjà un manque terrible, qu'elle ne pouvait soupçonner une heure avant quand elle lui avait donné son corps par bravade.

Il y eut des pas dans l'escalier, et elle se dit que si c'était lui qui revenait elle recommencerait peut-être bien l'amour. Mais cette fois, en pensant à le diriger, pour que leur frisson soit un véritable plaisir d'amour.

La porte grinça. Elle retint son souffle.

ET CE FUT LE VISAGE DE LÉON QUI S'ENCADRA DANS LA LUMIÈRE PÂLE !

Quand il était reparti du château dans la soirée, après l'altercation avec Simone, Léon n'avait pas eu la force de rejoindre ses amis au bal de Vayrac. Il était rentré directement.

Il jetait sans arrêt des coups d'œil au rétroviseur. Pas pour regarder si on le suivait. Non, pour se regarder lui. Comme ces coquettes qui croient que cet accessoire automobile de rétrovision a été inventé pour accrocher le sac à main et vérifier le maquillage.

Léon se vérifiait le maquillage du dedans. Il cherchait dans ses yeux une détermination qui n'y était pas. Aucune trace de solidité.

Du Dégoût. De l'Amertume. De la Peine.

Des sentiments majuscules. Ceux que seul un miroir peut nous renvoyer. Et encore, avec un véritable effort ou un vrai désespoir.

Un peu comme ces salles de bains modernes habillées de longues glaces en vis-à-vis qui nous font nous découvrir à la fois de face, de dos et de profil.

Impitoyables en lumière crue.

Et nous voyons soudain nos visages et nos corps vrais quand jusque-là nous nous étions contentés du seul trois quarts avantageux.

Ce soir, au fond d'un rétroviseur au tain usé, Léon se contemplait l'âme sale sous toutes ses coutures. Et c'était bien le mot : conscience raccommodée, rapiécée de fil en aiguille. Comme aiguille justement qui ne s'écrit qu'avec un *u*, et se prononce comme s'il y en avait deux.

Apparence à double face. Mystification égoïste. Être, ou mieux, paraître ? *That is the question.*

Et puis il avait retrouvé la maison seule. Sans écho.

Et dans la chambre de Marie un nounours qu'elle avait mis volontairement en lambeaux. Elle avait toujours appelé cette peluche Papa.

Il comprenait et en était sincèrement attristé.

Oh, son âme grise n'était pas d'un coup devenue

immaculée. Ça, c'était dans les contes de fées ou les extrêmes urgences d'extrêmes-onctions.

Non, juste çà et là, des pointes de remords, des « j'aurais pas dû » en averses qui lui détrempaient le cœur.

Il erra longtemps entre les chambres vides, la cuisine mal rangée et la terrasse en faux marbre.

Avachi dans son fauteuil en faux bois, il se mit soudain à comptabiliser tous les faux de son existence. Faux-semblants, fausse bibliothèque, fausse sortie, faux meubles, faux tableaux, faux amis.

Est-ce qu'il n'avait pas fait fausse route ?

Il était un peu plus de quatre heures lorsque le miroir finit par lui faire plier l'obstination. Sa décision était prise : il allait revenir au château et pour une fois parler à sa petite fille comme à une petite fille.

Avec toute la compréhension qu'il voyait si souvent chez les autres et qu'il raillait, l'assimilant à de la faiblesse.

Il monta dans sa voiture et démarra sous des trombes d'eau.

Il prit l'orage comme une punition, et plus ses essuie-glaces poussifs avaient du mal à rejeter la tornade, plus il se voyait en pénitence céleste espérant l'absolution au bout de l'intempérie.

Comme quoi les faiseurs de mal, qui sous-estiment leurs méfaits au point de les croire effaçables par un faiseur de pluie, ont encore bien du retard sur leur miroir !

Il était arrivé au château sur la pointe des roues. Tout était allumé, mais désert. Il avait déambulé de salon en salon, poussant des portes ici et là dans l'espoir de trouver la chambre qui cachait sa fille.

À force de dorures, de tables basses sculptées, de tentures et de tableaux rares, sa vraie nature commençait à reprendre le dessus.

Tant de richesses auxquelles il n'avait pas droit. Ces salopards de riches ! Il se força, en rappel de rétroviseur, à revenir à de meilleurs sentiments.

Rien n'est plus fragile qu'une nature profonde en otage !

Il visita en vain tout le premier étage et attaqua le deuxième, n'ayant découvert qu'une chambre occupée par une vieille dame à cheveux blancs. Il s'était dit que c'était sûrement la vraie grand-mère du « débile ».

Marie lui avait raconté sans détail l'histoire de Patrick, dont il avait fait une synthèse toute personnelle.

Comme il connaissait de loin Dédée pour l'avoir croisée en collage d'affiches électorales, et comme il militait à gauche, il avait résumé « l'adoption » du malade par un arrangement entre exploiteurs du peuple qui épanchent leurs malheurs dans la soie, c'est dire si ce ne sont pas de vrais malheurs.

Il soutenait même à ses camarades que, « de source sûre, et il était bien placé », le meilleur copain du « débile », fils de riche industriel briviste, « se faisant la vieille », il devait y avoir là-dessous une histoire de gros sous avec parfum de scandale.

Il ajoutait même sans le dire vraiment que, le « débile » n'ayant pas connu son père, il n'était pas impossible qu'il fût le fils de « qui on savait », depuis peu premier ministre.

Il appuyait ses dires par des témoignages d'imitation de celui-ci, au cours des troisièmes mi-temps, par le « débile » d'avant l'accident. Ses performances étaient si remarquables qu'elles paraissaient bien suspectes venant d'un petit plaisantin pour noces et banquets, bien loin du Le Luron virtuose et déjà vedette de l'époque.

Ses camarades raisonnables d'alors essayaient toutefois de freiner son sectarisme et sa mythomanie reconnue dont ils riaient sous cape.

« Et si c'était le petit fils de De Gaulle, il paraît qu'il le refait bien aussi ? » plaisantaient-ils.

Léon faisait alors celui qui savait mais ne voulait pas en dire plus, sans s'apercevoir que l'essence même du mythomane est d'en dire juste pas assez, alors que celui qui sait vraiment dit tout ou ne dit rien.

Mais Léon persistait parce qu'il était de gauche par dépit. Et ceux qui l'étaient par ferveur le supportaient par besoin de nombre, au moment du compte des forces vives.

C'est alors qu'il attaquait la troisième marche de l'escalier du deuxième étage qu'il vit sortir d'une chambre le « débile », tout nu, un cahier rouge à la main. Il le vit monter les marches et entendit une porte se fermer au dernier étage.

Il n'avait pas osé signaler sa présence. Un réflexe de peur. Le « débile » avait joué au rugby. Il semblait fort et, comme on le disait fou, il valait mieux ne pas tenter le diable.

Il monta une marche encore et s'arrêta net.

Une pensée effrayante venait de l'assaillir : et si le « débile » sortait de la chambre de Marie ?

Et son autoconditionnement mythomane tout à coup le submergea.

C'était donc ça. Sa fille envoûtée, comme par une secte. Ces riches-là pouvaient se permettre, ils avaient l'impunité. Ça expliquait tout : le brusque revirement de Marie, cette sûreté d'elle qu'il ne lui avait jamais connue. Oui, c'était ça, bien sûr !

Elle était livrée à la perversité d'un malade protégé. Et *ils* l'avaient asservie à leurs penchants pervers de parvenus.

Mais oui bien sûr, ça ne pouvait être que ça !

À condition que le « débile » sortît effectivement de la chambre de Marie.

Comme il était loin le rétroviseur !

Une rage froide l'envahissait. Comme celle qui s'empare des vrais jaloux, lorsque, à partir du moindre retard, ils échafaudent dans leur tête la pire des infamies, qu'ils s'en persuadent et que rien ne peut les faire reculer.

Il s'aperçut d'ailleurs que cette montée de fièvre ressemblait sang pour sang à ses « remontages » de jadis, lorsque Élise oubliait de téléphoner.

Il mit ça sur le compte de l'amour filial et poussa la porte, la gorge nouée.

Marie était bien là, nue et surprise.

Il sentit tout de suite dans la chambre cette odeur d'amour et de bête qui en disait encore plus long que les draps froissés...

Le premier juron fut banal et sans appel.

« Salope », laissa-t-il tomber, avec un seul *o* et sans point d'exclamation, comme un parvenu solognot.

Elle ne répondit pas. À vrai dire, c'était trop long. Oui, salope peut-être, mais aussi femme, libre, responsable.

Et tous ces mots dans sa tête qui n'eurent pas le temps de sortir tant l'avalanche de coups fut subite et violente.

Léon frappait comme un fou, mêlant à la fois punition immédiate et trop-plein d'avant.

Marie s'était évanouie à la deuxième gifle. Et puis il y avait eu des coups de pied au ventre, aux jambes, et puis, essoufflé, il avait commencé à la tirer par terre par sa longue chevelure rousse et or...

Il s'affala au coin de la porte et commença à reprendre son souffle. Son sang battait aux tempes. Il était épuisé.

Il jeta un œil dans l'escalier. Apparemment personne n'avait entendu.

Pendant la série de coups, aveuglé, il n'avait même pas remarqué qu'elle avait tourné de l'œil.

Il la fixa et songea un instant à la tuer. Il en avait envie. Et puis la lâcheté vint à son secours. Il pensa aux conséquences, et à ses mots prémonitoires de la dispute sur la route qui lui parlaient de ses remords en cas de violence extrême.

Et puis, comme un éclair diabolique, l'IDÉE surgit !

Sordide, tentante, à la fois si machiavélique et si simple. Il en était presque fier, s'identifiant d'un coup à ces criminels de haut vol dont il bénissait le cynisme et l'inventivité en secret.

Il prit le soin de rebâtir deux fois, trois fois son « plan de sauvetage ».

Ça allait marcher, c'était sûr. Ça tenait.

Il descendit l'escalier en ressassant encore et encore le mensonge échafaudé. Une pratique de toujours lui disait que oui, forcément, c'était évident.

Et si Marie disait la vérité, il avait la parade. Logique. Sans appel.

Avant de décrocher le téléphone, il se repassa encore le film jusqu'à l'instant précis qu'il vivait, pour vérifier s'il n'y avait pas d'erreur trop grossière.

Non, tout se tenait.

Le gendarme, bougon, décrocha le téléphone.

« Oui, où ça ? ... On arrive tout de suite... Vous avez prévenu un médecin ? ... Ben, le Dr Bergman... Comment... Vous croyez que c'est le moment de choisir... Oui... Je comprends... Oui, bien sûr le choc... Excusez-moi... »

Léon s'en voulait un peu d'avoir commis une toute petite erreur. Réfuter le Dr Bergman. Mais il avait ensuite bien rattrapé le coup en mettant ça sur le compte de l'émotion.

Après avoir raccroché, il remonta à l'étage. Marie avait ouvert les yeux mais était toujours immobile. Ensanglantée... Elle vit son père arriver sans frayeur. Elle ferma les yeux, persuadée que ça allait recommencer.

Il s'assit près d'elle et dit posément : « Le docteur va arriver. Les gendarmes aussi d'ailleurs. »

Et Marie le regarda avec indulgence.

« Il boirait donc le calice jusqu'à la lie », pensa-t-elle. Elle se dit qu'il avait prévenu les gendarmes avant que quelqu'un d'autre ne le fasse, pour enfin se punir lui-même de son ignoble attitude.

Elle tendit péniblement la main pour attraper la sienne. Puis elle murmura, très affaiblie : « C'était pas la peine les gendarmes, j'aurais rien dit à personne. Retéléphone qu'ils ne viennent pas et va prévenir Simone... Au pavillon. »

Il se pencha à son oreille.

« C'est les gendarmes qui préviendront Simone de l'horrible chose qui s'est passée sous son toit. »

Marie ouvrit des yeux tout étonnés.

« Je comprends pas... »

Et le vrai cauchemar allait commencer. Léon récita posément.

« Ma fille a été envoûtée. On l'a conditionnée pour quitter son domicile. Et cette nuit, le “ débile ” de la maison l'a VIOLÉE APRÈS L'AVOIR FRAPPÉE AU SANG. »

Marie eut quand même la force de dire dans une plainte : « Mais c'est faux, c'est toi qui... »

Il la saisit au col et la redressa pour avoir ses yeux bien dans les siens.

« Peut-être bien, grogna-t-il le regard fou, mais à partir de maintenant c'est *ma* vérité. Vous m'avez fait assez de mal, vous, votre pognon, vos amis. Il va falloir payer l'addition. Je traînerai ce fumier devant la justice, et il paiera cher. Et tous avec... »

Marie gémit.

« Il ne... m'a pas violée... Je voulais... »

Léon n'avait lâché ni le col ni les yeux de Marie.

« Tu diras ce que tu veux. Je dirai que tu le protèges par envoûtement... Ma petite fille, ma gentille petite fille... »

Marie s'était évanouie de nouveau.

Sept heures du matin. Marie avait été amenée en urgence après les premiers soins à l'hôpital de Brive.

Patrick, menotté, dormait dans la fourgonnette des gendarmes. Léon finissait sa déposition assis à la table de la cuisine.

Olivier attendait son tour, le visage défait.

Simone s'avança avec la cafetière.

« Café ? » demanda-t-elle, interrompant le bruit de la machine à écrire.

Léon lança un regard plein de haine.

« Moi, vous ne me ferez pas boire vos trucs de sorcière.

– Écoutez, monsieur, cette histoire d'envoûtement ne tient pas debout. D'accord j'ai été négligente dans ma surveillance, mais je ne pouvais pas imagi... »

Léon la coupa violemment.

« Ça suffit... Vous mentirez quand ça sera votre tour ! »

Et des larmes lui emplirent les yeux.

« On a battu ma petite fille, on l'a violée, et vous parlez de négligence... Mais quel monstre êtes-vous, madame ? »

Simone baissa le regard un instant puis fit face.

« Ce n'est pas ce qu'elle dit. C'est vous qui l'avez battue », hurla-t-elle.

Ce cri soudain, si inattendu, bloqua un court instant Léon. Puis il éclata.

« Vous êtes folle... Tout le monde est fou ici... C'est vous qui l'avez rendue folle. Elle dit ce que vous lui avez appris... Heureusement qu'il y a une justice. Vous allez le payer cher, très cher. »

Simone ne répondit pas mais resta plantée dans ses yeux. Il les baissa.

Elle ne put empêcher un très léger sourire.

Elle avait bien lu. Oui, elle était certaine : LÉON MENTAIT... Mais le combat serait terrible... Terrible.

La journée s'annonçait comme une des plus belles de

l'été. Au ciel pas un nuage et des vols d'oiseaux gais au loin. Le parc bruissait de mille bruits d'animaux en effervescence.

La surface de l'étang lisse comme un foulard de soie neuf prolongeait les arbres du bord en ombres douces. Une tendre odeur de miel et de pierres tièdes se glissait au ras des herbes folles...

Au loin, des meules de foin dorées parsemaient la campagne de dizaines de châteaux de blé au bout des sillons propres. Les lézards dormaient au coin des murailles, et des marguerites décolletées se tendaient, prêtes au strip-tease pour amoureux qui s'aiment un peu, beaucoup...

La douceur de vivre était palpable, comme un papillon arc-en-ciel qu'on capture au creux des mains puis qu'on relâche tressautant et gracieux avant qu'il n'aille se poser sur le pot de confiture à peine ouvert où déjà deux abeilles prennent le petit déjeuner en pyjama de Dalton.

Luisante l'herbe, élégantes les feuilles, sucrés les parfums, tranquille l'eau et solide la terre... Mais hélas des hommes dessus. Hélas... Oui... Hélas.

10

Frédéric

L'été 1976 était étouffant. La côte d'Azur affichait complet. Et bien que les prix aient grimpé autant que la température, et l'amabilité baissé comme la nappe phréatique, les estivants se bousculaient sur les plages bondées de la Méditerranée.

De jour ils grouillaient sur le sable en crabes patients, huilés prêts à frire, entre cris de chiens et aboiements d'enfants, la plupart du temps recto vanille et verso fraise pour la bonne mine du soir sur la chemise ouverte.

Ils venaient s'entasser là au plus chaud du « regarde où on est quand même, maman ! »

Ils contemplaient chacun le « m'as-tu vu » de l'autre, s'estimant marginaux de n'en être que témoins, alors qu'ils en étaient acteurs...

Pigeons de mer, plumés pizzas froides, glace du petit et matelas à rayures, ils faisaient fondre leurs économies d'hiver au soleil privilégié de la balnéothérapire.

De nuit, ils se continuaient sardines. En boîte. Macérés au jus de spot, assourdis de décibels, et parfumés Monoï matin sous Mennen du soir...

Elles, minijupées aguicheuses et faciles, et eux décravatés sur bourbon glace se frottaient, se collaient, et finissaient parfois par s'ensabler amants de pas sage, au sortir chair de poule d'un bain de minuit à six heures du matin...

Et puis ils allaient petit déjeuner en vrac, insouciants et gavés, bras dessus parfois saouls, aux terrasses humides du nettoyage de ville... Puis ils rentraient...

C'est ce qu'on appelait se coucher de bonheur....

Jean-Paul Langlois et Francis Depreux, respectivement journaliste et photographe au nouveau journal en vogue *Enquêtes*, étaient affalés sur un trottoir de la Croisette...

Les deux Jane d'un soir tentaient vainement de décoller du sol leurs Tarzan de passage tombés de la liane par overdose de rhum-Coca...

« Allez, venez... »

Et les deux compères, l'un blond l'autre brun, mais noirs bourrés pareils, entonnèrent gras, fort et faux : « Allez, venez, Milord, la la la la la la... »

Et les deux sauterelles, montées sur simili-pattes, s'éloignèrent déhanchées et vulgaires. La plus courtoise lança : « Tchao, les taches, ras le cul des picoleurs qui tiennent pas ! »

La moins précieuse surenchérit : « En plus j'ai les pieds gonflés et la chatte qui chauffe, si c'est pour me faire piner mou, merci mais j'aime pas... »

Que d'élégance, que de feutré sous les palmiers ondulants de ce petit matin tiède et beau!

Les fantômes ouatés des belles en Hispano Suza, laissant tomber leur mouchoir au pied du richissime baron ruiné par une nuit de casino, en détournèrent le suaire et s'enfoncèrent dans les murs épais du palace le plus proche.

C'est vrai que le décor ne méritait pas les acteurs, mais que voulez-vous, il faut de tout pour faire l'immonde! ...

« Clic-clac » et « Fouille-merde », comme les surnommaient aimablement leurs confrères, finissaient leur nuit de journalistes d'investigation en surcharge de notes de frais.

Ils avaient dîné avec une idole de passage entre deux spectacles et deux divorces qui leur avait scoopé sa nouvelle idylle... Une blondinette de dix-huit ans, fille de routier belle comme un camion et danseuse con comme un ballet...

La star et la fille de prolétaire. Gas-oil et caviar. Cambouis et diamant. C'était le sujet parfait pour leur canard, qui mélangeait avec succès contes de fées et faits divers, suicide et fortune, infidélité et assassinat.

Puis ils avaient traîné de vieux bars en discothèques à la mode.

Whisky cocasse, quelques mots d'esprit lourds, et ils avaient embarqué deux suceuses de pailles, en attendant mieux, aspirant des vodkas-orange au comptoir de *La Chunga*...

Ils se souvinrent quand même qu'ils avaient rendez-vous à quatorze heures à Saint-Tropez avec le rédac-chef, pour félicitations et mission nouvelle.

C'est vrai qu'il avait tapé juste, Frédéric Moralot, quand il avait engagé ces deux complices de toujours, frères d'espionnage, de ragots et de saloperies en tout genre...

L'un flashait, l'autre écrivait. Avec le seul souci d'être payés le plus cher possible, intégrité de méduse, qui les avait échoués sur des plages sans enfants ou presque, sans amour et sans autre passion que la une à tout prix.

Manichéen, le portrait puant des deux parasites, mais le mal que ces deux-là avaient fait au mépris de la plus élémentaire pudeur ne méritait pas plus d'indulgence qu'ils n'avaient de remords.

Ils étaient toujours éparpillés sur le trottoir. Francis commençait une tentative de redressement et Jean-Paul buvait au goulot, l'autre main évanouie dans une poubelle voisine.

– Tu sais quoi, tenta d'articuler Jean-Paul, ben, on fait un métier de cons ! ... Oui, un métier de cons... On rentre dans l'intimité des gens, on respecte rien... Des fois y en a qui perdent leurs gosses, leur mère, et on déboule au téléobjectif et toi « clic-clac » et moi « alors c'est comment le chagrin ? »... Et on en fait du pognon, du pognon, du pognon, et si ça proteste... Hop là, liberté de la presse ! Article j'sais plus combien du code j'sais plus quoi... Alors je vais te dire, ce soir, et c'est pas une promesse d'ivrogne même si je suis complètement cuit... Ce soir ou ce matin plutôt, je te jure que j'arrête... Approche que je jure sur ta tête... »

Francis n'avait compris que des bribes, mais suffisamment pour bafouiller : « Tu v... Tu vas pas me faire ça à toi...

– Si... Juré... Approche que je te jure. »

Francis fit trois pas maladroits et s'agenouilla. C'est alors que Jean-Paul sortit sa main de la poubelle et assena à son copain un grand coup de sole meunière à peine entamée...

Et il éclata d'un rire gras.

« Poisson de juillet ! ... C'est un poisson d'avril qu'a pourri... »

La mer était sereine, douce, et ses pointes léchaient le sable en longs baisers serpents. Le matin sentait le sel, les roses... C'était la photo d'une aube rare avec deux beaux salauds au milieu.

Jean-Paul et Francis s'éloignaient vacillants... Deux silhouettes de dos qui tanguaient et des mots échappés qui retombaient derrière eux en souillures de chiens.

« J'déconnais. Ça va pas, non... Arrêter le plus beau métier du monde... L'info... Si on dit pas aux gens, ils inventent et c'est pire. Nous, on invente pas, on enrobe.

– Ouais, c'est vrai...

– Et puis, putain, les malheurs, les crimes tout ça, c'est pas nous... C'est eux... On lui a rien demandé au malheur, il a qu'à pas y être et nous on n'y est pas non plus.

– Ouais, ouais...
– Arrête de dire Ouais, ça me gonfle !
– Ouais... »

Et ils allèrent vomir sous un réverbère !

Huîtres pas fraîches, ils étaient le dessous du panier. Dommage qu'il n'existe point d'écailler de presse pour débarrasser cette profession essentielle, garde-fou indispensable de la démocratie, de ses fruits avariés.

Le vent s'épuise, sur la remise,
Où mon piano s'endort enfin
Après une nuit de chagrin.
Sous le parasol du feuillage,
Le vent feuillette page à page
Le livre de notre bonheur
Le 15 juillet à 5 heures...
Dans la maison de Frédéric.

Une chanson de Serge Lama... Il avait dit cinq heures, en fait il voulait dire dix-sept heures...

C'était le 15 juillet 1976. Un an juste après le « viol ». À douze heures près.

La maison de Frédéric Moralot était vraiment superbe... Il était cinq heures, enfin dix-sept. Fin de repas de midi, à l'heure où d'autres préparent celui du soir...

Les femmes se doraient. Les hommes avaient cherché l'ombre et s'y étaient assis à l'écart. On parlait boulot...

Frédéric était un homme de fer. Le cheveux gris, l'œil gris, il avait la prestance des hommes de cinquante ans qui jouent encore au tennis et qui maigrissent en faisant des repas d'affaires basses calories...

Ancien journaliste propre, il avait fait une brillante carrière, d'abord de reporter, puis de mercenaire occasionnel, mais toujours pour des causes désintéressées...

C'est là qu'il avait lié connaissance et amitié sincère avec de futurs front-nationalistes, qu'il cautionnait aujourd'hui plus par aigreur que par conviction.

En fait il était devenu mauvais à partir de « l'escargot »...

Il avait quarante ans à cette époque, et c'est deux ans plus tard qu'il était devenu patron de son premier torchon social, *Le Grand Libre.* Il y fustigeait toutes les idées nobles, faisant l'éloge de la violence nécessaire... Il aurait eu bien plus d'ennuis si « l'escargot » ne lui avait servi d'excuse et de paravent.

Quelques détours dans les allées cachées du pouvoir, quelques solides services rendus, lui avaient valu des protections en retour dont la discrétion était la garantie.

Il parlait peu et court.

Ses interlocuteurs le savaient malin et dangereux. Il était le roi des agressions par-derrière. Comme on disait dans les dîners en ville, et dans les campagnes qui n'avaient rien d'agricole, il avait fait carrière « à la force du poignard ».

Depuis un an, il dirigeait *Enquêtes*, un sale journal à

sensation à l'affût du rêve et du quotidien sordide. C'était là le secret : faire la une aussi bien avec une princesse dépravée qu'avec un agriculteur incestueux.

Et ça marchait...

« À qui la faute ? prenait-il plaisir à dire. Moi je propose, je n'impose pas ! »

En coulisses, il rendait aussi quelques services d'opinion qui lui assuraient l'impunité.

C'est bien de cela qu'il s'agissait aujourd'hui.

Jean-Paul et Francis, encore mal remis de la veille, l'écoutait béatement derrière leurs lunettes de sommeil.

« Les mecs... »

Son ton était familier, et les interlocuteurs, quand il attaquait comme ça, savaient que c'était le baroudeur qui allait parler...

« Les mecs. Simple le coup. " Qui vous savez " a besoin qu'on attire l'attention ailleurs. Début octobre, grosse pression fiscale. Ça risque de grincer... À ce moment-là, pas sûr qu'il y ait attentat ou accident d'avion... Et puis faut du " qui dure ", au moins un mois, le temps que... Pigé ? »

Ils avaient traduit. L'État allait encore charger le contribuable et il fallait détourner l'opinion vers du fait divers passionnant. « Du papier d'amnésie », comme il plaisantait souvent.

Il continua : « Vous commencez à faire monter la pression mi-août. Faut que ça soit au max fin septembre et là plein pot jusqu'à fin octobre. Avantage number one : c'est nous qui levons le lièvre... Number two : la télé prend le relais fin septembre. On a la garantie, ils sont aux ordres... Boomerang : télé plus les autres canards, affaire nationale... Résultat des courses, on était les premiers. Vive le scoop, et la reconnaissance des “ Tout Grands ” pour service rendu et paix sociale... Capito ? »

Jean-Paul fit signe de la tête. Il demanda : « Et c'est quoi l'affaire ? »

Là Frédéric eut un joli sourire.

« Ça vous dit, la Corrèze au mois d'août ? »

Ça ne leur disait rien, mais alors rien du tout. Les champs de pommes de terre en guise de Méditerranée, le temps pourri peut-être, et les Ginette de supermarché mannequins chez confit d'oie, merci bien...

Comme quoi les idées reçues ont la peau dure ! C'est pas du confit d'oie, c'est surtout du confit de canard.

Évidemment, ils évitèrent le « Ah, non, alors », pour un plus raisonnable « Pourquoi pas ».

Frédéric enchaîna : « Affaire sympa. Un père porte plainte contre un handicapé mental qui a violé sa fille mineure.

– Sympa oui, fit semblant d'acquiescer Jean-Paul.

– Encore plus sympa, reprit Frédéric. La victime dit qu'elle était consentante et que c'est le père qui l'a frappée en les découvrant.

– Vraiment sympa », fit Francis...

Frédéric ajouta : « Y a tout. Le père pharmacien respectable mais communiste. Le “ neu-neu ” en pension chez une baronne ou j'sais pas quoi bourrée aux as... La gamine qui le protège en démolissant le brave père de famille. Lui qui crie à l'envoûtement. Des rumeurs de partouzes dans les couloirs du château. Le neu-neu ancien sportif, père d'un gamin de cinq ans, qui doit son trou au cerveau à une chute de train volontaire... Vu l'ambiance... la province, le cul, la famille, les gosses... Ça peut faire que bander ou pétitionner. Bien pris, on en fait le procès de l'année.

– Et c'est quand le procès ? questionna Francis.

– Fin septembre. Nickel chrome pour la soudure... »

Frédéric sortit deux dossiers et remit un exemplaire à chacun.

« Y a tout. Le dingue est en tôle, la môme au château, et le père très remonté... Déjà, là-bas c'est du cinquante cinquante dans la ville.

– Quelle ville ? hasarda Jean-Paul.

– Brive !

– À côté de chez... »

Frédéric le coupa.

« Rien à voir, le Hasard. »

Francis but une gorgée d'eau et demanda : « Ton pronostic, patron ? »

Frédéric fit une moue, chercha un peu et avança...

« On démarre léger, vous faites le gosse du dingue devant la prison, le père de la gamine nous file quelques photos en communiante. Parallèle sur l'autre page, vous

vous démerdez pour la piquer au télé à poil. On fait monter la pression chez le populo, genre agression du père. Moi, je cherche côté antécédents de la vioque, personne ne fait de la vraie thune les mains propres. Et le reste... Improvisation les mecs, improvisation. Mais... »

Il devint tout à coup très dur et sa voix se voila.

« Mais si y a pas big tirage avec un truc pareil, c'est que vous êtes des merdes et je vous écrase. »

Ils blêmirent sous le bronzage. Ils savaient que Frédéric ne menaçait jamais à blanc.

« O.K., Boss, fit Jean-Paul, et ton pronostic sur le jugement ?

– M'en fous... Tout ça c'est de la poussière d'homme. Ça vit, ça bouffe, ça pisse, ça pollue et ça fait du gosse qui décollera jamais de la médiocrité ambiante. Alors ça peut crever, je m'en branle... »

Et il termina par une de ses sentences qui lui donnaient l'impression d'être immense : « C'est pas le peuple qui choisit son roi, mais le roi peut choisir son peuple. »

Ils firent semblant d'être cent pour cent d'accord, alors qu'en fait ils n'avaient pas tout compris...

Ils se levèrent, et Frédéric ralluma son cigare en les voyant se diriger vers la piscine. Il eut, comme toujours, un petit pincement à ce moment.

Il aimait tellement nager avant « l'escargot ». Il pensa comme il le faisait souvent en faisant semblant de plaisanter : « On m'a pas encore livré l'amphibie... »

Il tourna les roues de son fauteuil pour aller se placer sous le soleil.

« Viens, on va bronzer, “ l’escargot ” ! »

Il avait baptisé son fauteuil « l’escargot ». Tout le monde croyait que c’était pour la lenteur. Lui seul savait que c’était pour la coquille et la bave.

Le jour où une voiture l’avait fauché sur les clous et avait pris la fuite, il s’était juré de faire de son fauteuil une carapace, et de laisser derrière lui la trace la plus gluante possible...

Il n’aurait pas aimé Martin Bergman. Martin Bergman l’aurait compris.

Après le repas du soir, Frédéric insista pour que Jean-Paul et Francis restent coucher à la villa. Ils eurent droit chacun à une chambre d’ami. Chacune des chambres donnait sur la baie de Pampelone. Au loin on apercevait les guirlandes de Noël en août des yachts démesurés de quelques émirs, nouveaux riches de la crise du pétrole.

De sa terrasse, Frédéric contemplait ces immenses bateaux illuminés en se disant : « Les bougnoules riches, c’est plus des bougnoules, ce sont de nouveaux amis orientaux... »

Il était minuit de peu lorsque Jean-Paul gratta à la porte de Francis endormi déjà des fatigues de la veille.

« Qu’est-ce qu’il y a ? demanda Francis à travers la porte.

– Ouvre, je veux te parler.

– Ça peut pas attendre demain ?

– Non... »

Jean-Paul avait l’air réellement ennuyé. Il alla droit

au frigo, se versa un grand verre de whisky et l'avala cul sec.

« T'as un problème, toi », fit Francis qui le connaissait par cœur.

Jean-Paul se resservit. Il but un autre verre, puis dit avec une pointe d'anxiété dans la voix : « Je veux pas aller m'emmerder dans ce trou.

– Qu'est-ce t'as, t'es amoureux ? ricana Francis.

– Non, mais j'en ai marre... Écoute, mon gosse va avoir seize ans, et il commence à me regarder bizarre. Il sait ce que je fais même si je ne signe pas de mon nom, et je sens qu'il a honte. »

Francis sembla tomber des nues.

« Alors ça, tu me troues... À quarante piges les premiers remords... Bois-en un autre, ça va passer... »

Jean-Paul leva des yeux abattus.

« Je déconne pas, juré, j'en ai marre... On a fait les ordures, d'accord. Mais y a un temps pour tout. J'ai fait le bilan. »

Francis l'interrompit.

« Ça, c'est la quarantaine.

– Peut-être... J'sais pas... Mais ras le bol, quoi... Elles se sont toutes barrées... Il me reste quoi ? Tu sais, il est sympa mon gamin. »

Francis n'avait plus d'argument. Il avait la sensation étrange que cette fois ce n'était pas un découragement passager, comme après quelque correction de gardes du corps vigilants...

« T'es sérieux ?

– Juré...

– Tu déconnes, là, fit-il en souriant, si c'est pour me refaire le coup du poisson d'avril de juillet, les plus courtes sont les meilleures... »

Jean-Paul se taisait. Ce n'était pas une blague. Et il comprenait son angoisse.

Ils étaient dans un système où il est dur de reculer sans risque réel. Ils savaient trop de choses. Les combines politiques, quelques photos commandées, enfin tout ce qui fait qu'on ne retire pas comme ça le doigt d'un engrenage.

Francis murmura : « Et tu lui annonces ça comment ?

– Direct, la vérité, putain, il peut comprendre. Il a confiance, il sait bien que je vais fermer ma gueule. De toute façon, confiance ou pas, j'arrête, et puis merde... »

Jean-Paul se pencha à nouveau vers le frigo. Alors qu'il allait saisir un autre glaçon, le téléphone sonna.

Francis décrocha.

« Allô... Oui... il est là. »

Il se tourna vers Jean-Paul.

« Pour toi. »

Jean-Paul prit l'appareil. Au bout, la voix aimable et tranquille de Frédéric.

« J'ai appelé dans ta chambre, je me suis douté que tu serais là, tu peux passer deux minutes, j'ai oublié de te dire un truc...

– Je viens avec Francis ?

– Non, ça concerne juste le rédactionnel.

– O.K., j'arrive ! »

Jean-Paul ramassa sa veste et sortit pendant que Francis lui lançait goguenard.

« Quand on parle du loup... »

« Entre ! »

La voix venait de loin. Sans doute Frédéric était-il sur la terrasse à contempler les yachts.

Jean-Paul poussa la porte. La chambre était dans la pénombre. D'où il était, Jean-Paul percevait le rayon de lumière venu de la terrasse qui passait sous le volet roulant de l'immense baie vitrée descendu aux trois quarts...

« Je suis sur la terrasse, viens », lança Frédéric.

Jean-Paul ne se demanda même pas pourquoi ce volet était aux trois quarts descendu, tant il était torturé par ses pensées d'avant.

Il avança doucement, en se disant que ce n'était peut-être pas le moment de parler. Demain ce serait mieux, au petit déjeuner. Qui sait si la nuit ne le ferait pas changer d'avis...

« Passe dessous », fit la voix.

Il eut à peine le temps d'apercevoir la chaise qui bloquait le volet roulant...

Le bruit fut effrayant... Un fracas de ferraille et un hurlement bref...

Quand Frédéric avait enlevé la chaise, l'énorme volet avait fait guillotine et la tête de Jean-Paul avait explosé.

« Un terrible accident, terrible, murmurait Frédéric tout tremblant.

– Vous voulez encore un calmant ? » proposa, aimable, le dernier policier à quitter les lieux.

Il était six heures du matin. Pendant des heures, ambulanciers, gendarmes, avaient défilé dans la chambre.

« Vous voulez rester là quand même ? »

Frédéric prit son air le plus digne.

« J'en ai vu d'autres, vous savez.

– D'accord, mais ne touchez pas aux scellés de la fenêtre.

– Ne vous inquiétez pas. »

Francis était assis sur le lit, le visage décomposé. Il se leva en tremblant.

« À tout à l'heure, Boss. »

Frédéric eut un sourire froid.

« Tu peux prendre ta douche, les caméras et les micros ne tournent plus... Je suis pas voyeur, je suis prudent... »

Et, le 15 août 1976, Clic-clac débarqua en gare de Brive avec Miguel, un « fouille-merde » effeminé de rechange.

11

Miguel

La 404 de location longeait les bords de la Dordogne. La falaise épaisse faisait presque un toit à la petite route. Miguel et Francis contemplaient, vitres ouvertes, le méandre majestueux du pont de Gluges. Un site splendide, ancien port de gabares, où la Dordogne baignait de sa parenthèse un ravissant petit village troglodyte.

L'ombre de la falaise en surplomb, ajoutée à la proximité de l'eau longeante, apportait d'un coup un petit vent de fraîcheur bien agréable en cette magnifique et torride journée d'août.

C'est alors qu'un gros bloc de rocher, descellé par l'orage de la veille, se décrocha du grand mur blanc et vint s'écraser à cinq mètres derrière la voiture. Ils ne s'aperçurent même pas qu'à deux secondes près la pierre tombante serait venue, pierre tombale, se désintégrer sur leur véhicule.

Cela démontrait deux choses. Tout d'abord que le panneau « attention chutes de pierres » est sûrement le plus ubuesque qu'ait produit la prévention routière. Ensuite qu'encore une fois le Hasard, bienveillant cette fois-ci, continuait à parsemer cette histoire de ses facéties.

Deux secondes de moins à tourner le sucre dans le dernier café, ou à monter dans l'auto, ou au dépassement d'un cycliste, et l'existence des deux journalistes aurait pu être chamboulée voire interrompue !

Mais il était là encore et toujours, ce Hasard metteur en scène, pernicieux et complice.

Ce Hasard en forme de gros caillou qui avait frappé la tête de Patrick à la chute du train, le Hasard de la réservation de Simone dans le compartiment du « suicidé », le Hasard d'une Matra Bagheera prétexte, d'un escalier où à quelques secondes près Léon n'aurait pas croisé Patrick.

Et tant et tant d'autres événements passés et à venir, que pour le bien de l'humanité il est urgent de continuer à nommer Hasard, nom de dieu !

Car croire au Hasard ne nécessite aucune génuflexion, aucune hostie, aucun tchador, aucun tapis. Le Hasard n'a jamais eu ni croisade, ni intifada, ni IRA, ni Saint-Barthélemy. Qu'il en soit loué pour les siècles des siècles. On peut rêver !

Miguel et Francis continuaient donc leur promenade, inconscients du malheur évité...

Ils n'étaient plus qu'à deux kilomètres d'Isatis lorsque

Clic-clac demanda : « T'es sûr du coup ? Parce que, excuse-moi, mais ils doivent se méfier.

– Mouille pas, chéri, c'est du cousu main, quand le Boss dit " ça roule ", ça patine jamais. »

Il regarda sa montre et ajouta : « Il a dit entre quatre et six. Il est quatre heures moins trois, on est pile dedans ! »

Clic-clac, rassuré, enchaîna tout de suite sur autre chose. Quand une arnaque se préparait, il fallait qu'il parle, ça l'empêchait d'avoir le trac.

« Dis-moi, y a quelque chose que je pige pas bien.

– Pour l'arnaque ?

– Non, pour le général. Au début, le Boss se foutait du verdict, du moment qu'on semait la merde. Maintenant il veut qu'on charge plus à droite qu'à gauche, franchement je pige pas.

– Ben, pourquoi ? fit Miguel.

– C'est pas logique, les commanditaires sont de droite, le père de la gamine est archi-gauche, si le môme est condamné, ça distrait peut-être niveau social, mais pour l'image ça fait un exemple de plus de la droite pourrie, pognon, déprave et tout. »

Miguel eut un sourire condescendant.

« C'est encore plus vicelard, bonhomme, encore plus. Outre le fait que ça détourne l'attention, si le jugement flingue le père communiste, ça peut faire un coup pour rien : la justice en combine avec le pouvoir. Alors que dans le cas contraire, coup double.

« L'opinion se passionne, exit les unes sur l'impôt. Et le protégé de la “ baronne ” en cage, c'est la justice indépendante. Pas de cordon ombilical avec le pouvoir, tu piges, là ? »

Clic-clac fit juste un mouvement approbateur de la tête, suivi d'une moue d'admiration. Quand le machiavélisme confinait au grand art, il était fier d'être dans le secret des dieux.

Il ne put quand même s'empêcher d'ajouter une question, comme s'il voulait prouver qu'il était capable de trouver le grain de sable que les « Grands » auraient oublié.

« Et si l'avocat du dingue plaide l'irresponsabilité, ils peuvent le foutre direct chez les fous et pas de procès. »

Miguel, un peu agacé, répondit : « S'ils avaient dû le faire, y a longtemps qu'ils l'auraient fait. »

Clic-clac ne désarma pas.

« Et si malgré tout aujourd'hui ils déci... »

Miguel ne le laissa pas terminer.

« Et si, et si ma tante en avait... »

Et il éclata de rire, et reprit : « D'ailleurs elle en a. »

Et ils rirent ensemble.

Le château était tout proche. L'hilarité les décontracta un peu. Ce n'est pas qu'ils avaient peur, mais ils étaient journalistes, pas comédiens. Et il fallait que la comédie dure au moins deux jours pour « faire le plein ».

La fenêtre de la chambre du rez-de-chaussée qui donnait sur la terrasse laissait échapper quelques maladroites notes de piano.

On pouvait voir, de dos, la chevelure rousse et or de Marie, frémissante dans les courants d'air, décorer son corps droit presque immobile, sauf les mains qui tapotaient l'ivoire.

Elle s'était mise au piano depuis le début de l'été.

Elle était restée trois jours à l'hôpital à la suite de la nuit tragique. Puis, en dépression grave, elle avait été acceptée dans un établissement de repos où de calmants en sommeils artificiels elle avait presque recouvré son état normal. Enfin ce que les médecins désignaient comme tel. Ses paupières n'étaient plus lourdes, mais ses yeux presque vifs regardaient à présent le monde avec une infinie froideur.

Sauf quand on lui parlait de Patrick. Là, elle s'illuminait d'un coup. D'ailleurs depuis qu'elle était revenue au château, elle avait souhaité occuper la chambre du donjon. La sienne.

Elle avait choisi de vivre à Isatis, ce qui avait ému Simone aux larmes, et par là même déchaîné encore plus la fureur de Léon qui trouvait là une preuve supplémentaire de ses accusations d'envoûtement.

« Elle revient sur les lieux de son cauchemar, clamait-il partout, ça prouve bien qu'ils me l'ont ensorcelée, ma petite, ma toute petite... »

Certains approuvaient, d'autres détournaient leurs

pas. Une chose était sûre, la région tout entière avait son idée, et il ne s'écoulait pas un jour sans que des repas entre amis se terminent aux quatre coins du département par des querelles de certitudes concernant l'affaire.

C'était de bon augure pour les plans de Moralot, qui aurait jubilé à ces débats passionnés. La transposition à l'échelle nationale promettait d'être payante.

Sur la terrasse du château, Simone, Dédée et Me Lamaison, avocat de Patrick, étaient en grande conversation.

« Une dernière fois, Dédée, martelait l'avocat, soyez raisonnable. Acceptez que je plaide l'irresponsabilité. Vous vouliez de toute façon le mettre en maison de santé. »

Michel Lamaison n'osait pas prononcer le mot « asile ». Mais il savait que c'était là que devait finir cette histoire et pas dans une prison. Il savait ses chances assez minces.

Le père battait campagne partout en se répandant en pleurs d'une habileté apitoyante.

Et surtout tout accablait Patrick : les traces de coups, de sperme, la violence du rapport sexuel, la bagarre de Juillac qui appuyait les thèses de l'accusation qui disait Patrick attardé, peut-être, mais violent et imprévisible.

Les experts psychiatriques avaient considéré que son comportement, bien qu'échappant à la normale, ne comportait pas suffisamment d'éléments d'aliénation pour justifier un internement ou une remise du procès.

En outre, la partie défendante, qui avait tout intérêt à le faire déclarer fou pour lui éviter le plus sévère des jugements, faisait au contraire le maximum pour qu'on le considère comme responsable.

Ça, c'était Dédée.

« Il est hors de question que mon fils ne soit pas jugé comme il se doit... Il n'est pas fou. »

Et surtout il est innocent. Vous entendez, maître, *innocent.* Je crois à la justice de mon pays. Irresponsable, pour moi c'est coupable.

Et je vous le répète, il est innocent !

Et Me Lamaison tenta sans grand espoir un dernier argument qu'il le blessait d'avancer mais que des années de prétoire lui avaient enseigné : « Il n'y a pas de justice, Dédée. »

Elle se cabra.

« Et c'est vous qui dites ça. »

Il fit comme s'il n'avait pas entendu.

« Il y a des lois, Dédée, ce n'est pas pareil. Des mots écrits par des hommes et que d'autres hommes interprètent comme ça les arrange selon ce qu'ils défendent ou attaquent. Avec une seule intime conviction : gagner ! Ce n'est pas que votre fils soit innocent ou coupable, l'important. L'important, c'est que les preuves, les textes, sont contre lui... Et ce n'est pas la version de Marie qui peut y changer grand-chose. C'est spectaculaire, c'est rare, c'est beau. C'est tout ce que vous voulez... Mais mon intime conviction, c'est que ça ne suffira pas. »

Dédée était presque sur le point de lui demander de quel côté il était, mais elle se retint.

Ce vieil ami qu'elle avait connu enfant, elle le savait fidèle, compétent et sincère sans l'ombre d'un doute. Elle resta cependant sur ses positions.

« Je n'accepterai jamais que mon fils paye pour ce qu'il n'a pas fait... »

Me Lamaison la regarda encore au plus profond de ses yeux tristes.

« En êtes-vous sûr, Dédée ? »

Et il y eut deux réponses. Jumelles. Collées. Fortes de la même assurance.

« Sûre », firent à l'unisson les voix de Simone et Dédée.

Et elles se prirent la main, fort. Très fort.

Chopin, hésitant, continuait à s'envoler en notes éparpillées par la fenêtre de la chambre de Marie.

Michel Lamaison allongea ses jambes interminables sous la table basse, rejeta la tête en arrière et ferma un instant les yeux, vaincu. Et dans le noir soudain de ses paupières closes se dessina le visage de Claire.

Claire sa vie, Claire son inestimable amour, Claire qu'il avait épousée, puis trompée, un peu battue, puis perdue... Trois ans déjà, mais pas un jour sans penser à l'aimer, du loin de ses remords.

Un amour par contumace, comme la brillante avocate qu'elle était aussi, ne manquait pas de le lui rappeler, chaque fois que les hasards du palais faisaient se croiser leurs robes noires dans les longs couloirs.

Condamné à mort d'amour par défauts. Les siens : son inconstance, son machisme, sa sûreté de lui.

Alors Chopin bien sûr, leur musique de rencontre que le Hasard en cet après-midi d'été infligeait à son oreille comme un supplice supplémentaire.

Hasard encore et toujours, qui le pétrifiait à un peu plus d'un mois du procès.

Parce que cette fois c'était sûr, après plusieurs changements, finalement, c'était certain depuis trois jours : C'ÉTAIT CLAIRE QUI ASSISTERAIT LÉON.

Il la savait si forte, si motivée par tout ce qui était violence sur une femme, et pour cause, qu'il avait failli renoncer.

Mais, même adversaire, l'idée de l'avoir près de lui pendant les longues heures d'audience lui apportait un espoir d'oxygène dans sa vie si vide d'elle, lui dont le cœur explosait à la seule idée de la savoir toute proche et inaccessible si souvent.

La vilaine boule au fond de son ventre recommençait à le tordre. Il l'aimait à la folie... Elle l'avait adoré et ne l'aimait plus du tout... Classique.

Et bientôt, au procès. Elle. Contre lui. Mais *elle*, ses yeux, son corps, à côté, tout près, pendant des heures... Pourvu qu'il ne le montre pas trop. Non, au contraire, il allait être impassible, beau, impressionnant et peut-être...

Ça y est, elle s'interrompt. Elle le regarde, jette ses dossiers et s'avance... Elle lui prend la nuque, lui dit :

« Je t'aime, je t'aime, encore... » Ils s'embrassent, le procureur applaudit, les jurés jettent des fleurs, Marie est au piano et joue Chopin... Mais soudain Léon se précipite sur lui en hurlant : « Elle est à moi, je veux la violer. » Et là, Michel lui donne un grand coup de pied dans la figure.

« Eh bien qu'est-ce qui vous arrive ? » sourit Simone en commençant à ramasser les verres que Michel avait projetés en renversant la table d'un violent coup de pied.

Il balbutia : « Excusez-moi, j'ai dû m'assoupir, je rêvais que... »

Le moteur d'une voiture vint à point l'interrompre.

La 404 de location s'avançait dans l'allée sous le regard inquiet de Simone. Le petit brun basané et un peu replet sortit de la voiture le premier. Le blond dégarni resta à l'intérieur.

« Madame Simone Hauteville ? demanda Miguel en sachant très bien à qui il s'adressait.

– C'est à quel sujet ? fit Simone, hautaine et méfiante.

– Je suis un ami, enfin pas un intime, mais une relation de Charles Erevian. »

Simone se décrispa un peu.

« Ce bon Charles... »

Miguel reprit avec aisance.

« Nous nous sommes rencontrés au Salon des antiquaires du Ranelagh, je travaille avec mon camarade pour une nouvelle revue qui s'appelle *Demeures et châteaux.* »

Simone le coupa, étonnée.

« Je ne connais pas...

– Le premier numéro sort à la fin de la semaine, fit Miguel convaincant ; et pour le deuxième nous prospectons. Charles m'a donné votre adresse en me disant qu'en venant de sa part nous recevrions bon accueil. »

Miguel récitait parfaitement la leçon enseignée par le Boss.

Simone, toujours méfiante, le regarda dans les yeux. L'impression première n'était pas très bonne. D'autant que Francis, sorti de la voiture, venait d'entrer dans son champ de vision, bardé d'appareils photo.

Elle demanda, menteuse : « Il habite toujours Neuilly ? »

Elle attendait la réponse le corps tendu, sachant pertinemment que son vieil ami Charly ne supportait la vie qu'à l'hôtel, de préférence moyenne gamme et avec du passage, pour y assouvir ses instincts de rencontres hasardeuses, si possible avec du « jeune, pauvre et viril ».

« Je ne sais pas, fit Miguel. Je ne l'ai rencontré que professionnellement au Salon, et chaque fois que nous avons eu des tête-à-tête c'était chez moi. »

Miguel avait joué les « tête-à-tête » avec un air équivoque, sans avoir à puiser très loin dans sa mémoire pour paraître sincère. Puis il enchaîna très vite, sans laisser à Simone le temps de réfléchir.

« Il m'a dit que vous pouviez l'appeler dès que nous nous rencontrerions, j'ai le numéro si vous voulez. Vous savez, il est toujours en vadrouille. »

Là, Miguel avait marqué un point. Simone savait son vieil ami, imprévisible et déménageur au gré de ses conquêtes ou de ses dettes de poker...

« Allô, Charly, c'est Simone... »

Charly répondit chaleureusement.

« Ma Simone, depuis le temps, alors mes amis t'ont trouvée. »

Un brin de méfiance encore, la voix lui paraissant bizarre, fit ajouter à Simone : « Tu as oublié mon surnom ?

– Pardon, Poupette, mais depuis le temps et avec l'âge peut-être que Poupette n'est plus approprié. Et puis je ne sais pas avec qui tu vis, moi. C'est familier, Poupette, y a peut-être un vieux baron jaloux à l'écouteur... Si c'est le cas, dis-lui bien que nous deux c'est dentelle et falbalas. »

Simone éclata de rire, totalement rassurée. Elle papota longtemps avec son vieux partenaire de frasques, se rappelant le temps où elle draguait pour lui, prenant des nouvelles de sa santé, de ce mal qui l'inquiétait depuis son retour d'Afrique. Il plaisanta.

« Tu verrais pas que ce soit une maladie spécialement réservée aux homos ? »

Ils éclatèrent de rire à cette hypothèse qui ne se réaliserait jamais et ils blaguèrent sur sa maigreur qui lui permettait de mettre les robes les plus fines. Elle pensa à un cancer, mais lui parla de fatigue générale pour le rassurer.

Il la quitta en lui recommandant de bien prendre soin de ses deux amis, Francis et Miguel, des reporters adorables qui allaient lui pondre un superbe article et de superbes photos, il en était sûr.

« À en faire mourir de jalousie cette vieille carne de comtesse de Vigny. »

Rien que ça avait convaincu Simone de garder au château Francis et Miguel le temps qu'ils concoctent un reportage brillantissime. Elle haïssait Anne de Vigny, et l'idée de lui étaler son faste dans un magazine la remplissait d'aise.

Il fut donc décidé que Francis et Miguel logeraient à Isatis le temps qu'ils voudraient.

Miguel, cynique, ajouta juste : « Je vous promets que vous ne serez pas déçue ! »

Quand Charles Erevian raccrocha le téléphone il était en nage. Son corps tremblait d'émotion. Dans le fauteuil qui lui faisait face, Frédéric Moralot lui fit un grand sourire et l'applaudit calmement.

« Superbe, Charly, superbe... »

Charly était terrorisé. Frédéric lui tendit les photos en laissant tomber froidement : « Ça, c'est cadeau... N'oublie pas que j'ai les négatifs, chochotte ! »

Avant de quitter la chambre d'hôtel, Frédéric expédia

quand même un énorme coup de poing en pleine figure de Charly. Il sortit en disant sans se retourner : « Excuse-moi, un réflexe... Y a encore des trucs qui me trouent. »

Et Charly écrasa son visage en sang sur les photos volées de ses relations perverses où souriaient des enfants.

Pendant deux jours, Miguel et Francis furent les rois du château. Simone les avait pris en amitié. Francis fit quelques aimables photos d'Angèle...

Simone ne donna aucune explication sur la présence de cette adolescente muette et musicienne qui apparaissait et disparaissait aussi vite. Ils eurent l'intelligence de ne pas poser des questions qui auraient pu mettre en péril leur véritable mission.

Toutes les pièces furent photographiées. Un jour, même, Simone accepta de se déguiser en vestale, en long drapé blanc, pour poser près d'un plâtre grec...

Elle ne sut évidemment pas les trésors d'astuce que déploya Francis pour mettre sur pellicule un « presque nu » volé de Marie dans la salle de bains.

Et ce fut le lendemain de la nuit où Olivier avait une fois de plus étouffé de la main les cris de rut de Simone au pavillon, que les deux journalistes quittèrent Isatis, la cartouchière remplie de poudre à retardement photographique...

« Affaire Isatis » : il s'en passe de belles au château !

C'est ainsi que commençait l'article phare du nouveau numéro d'*Enquêtes* qui parut le 27 août. On y voyait Simone rire aux éclats en drapé léger, sous un commentaire évoquant de probables orgies à la romaine... Un plan flou la montrait en corps à corps équivoque sur un canapé, un verre de vin vieux à la main...

Tout le reste était infect, sordide, avec en point d'orgue une photo posée celle-là, de Léon, seul et en pleurs, serrant contre son cœur le portrait et le nounours en lambeaux de sa gentille, si gentille petite fille.

À partir de ce jour, les grilles du château se refermèrent sur des chiens méchants et quatre ou cinq colosses vigiles d'occasion que Simone avait fait venir de Paris pour assurer sa sérénité.

Olivier avait le masque froid du jour où son père était venu le gifler devant tout le monde dans une cour de lycée de mai 68.

Dédée, résignée plus que jamais, tentait de le calmer.

« On va se les faire au 12 », grogna Olivier déterminé.

Et Simone surenchérit.

« Avec les cinglés qui me gardent le château, ça va être vite fait, dans deux heures ils vont dormir avec les poissons. De toute façon, tout est de ma faute, c'est à moi de... »

Dédée l'interrompit brutalement.

« Ça suffit... S'il vous plaît... Pas maintenant. Après le procès ce que vous voulez, mais pas maintenant. »

Ils se turent et sortirent du salon, laissant Dédée seule avec son désespoir. Elle était usée, vieillie, détruite... Elle savait que Patrick, en prison, avait plongé dans un mutisme total. Quand il ne dormait pas, il pleurait.

Marie apparut dans la pénombre. Elle se dirigea vers le fauteuil, s'allongea aux pieds de Dédée et lui enserra les genoux. Dédée caressa les longs cheveux roux et or, et elles restèrent ainsi plus d'une heure.

Tableau de femmes en souffrance. Mère et presque fille bloc de pierre taillé chagrin...

Unies, uniques en amour d'un homme enfant blessé sali...

L'une de marbre, lacérée au visage par mille larmes qui creusent encore plus profond parce qu'elles coulent à l'intérieur. Usée de vivre en partance toujours vers de nouveaux poignards... Assourdie du dedans de plaintes irréversibles, hurlantes. Les yeux posés là-haut sur le cadran de la grosse pendule droite... Avec son temps qui coule en aiguilles immobiles. Ses secondes qui se prélassent comme à plaisir, agaçantes de lenteur.

Peut-être au bout du monde, ailleurs, une mère heureuse égrène le même temps voulant le retenir. Une mère pleine d'enfants comblés et beaux. Alors bien sûr, celle-là les trouve supersoniques les minutes qui volent.

Le paradis c'est sûrement des siècles d'un jour, l'enfer un sablier qui filtre des grains lourds d'un sable retenu et qui grince en tombant.

L'une, puisqu'il s'agit d'elle, la mère, brûle. Comme ces cierges épais qui consument des vierges peintes, la flamme entame ses pieds nus. Quelques larmes de cire encore et elle va s'éteindre. Son fils en croix et elle en cendres... Elle pense à Dieu, elle. Avec majuscule.

L'autre de soie, brillante aux joues de vraies larmes en dehors. Son petit cœur de biche effrayé d'hallali. Poursuivie par des chiens hurlant et bavant, à chaque recoin des fourrés de ses rêves. Elle serre sa sainte mère dans ses bras tendres. Elle s'accroche au corps lourd qui a fabriqué celui de son amour.

Parce que c'est sûr et merveilleux, elle l'aime son prisonnier! Elle, princesse charmante, chevaucheuse de chimères, a gravé dans sa peau un serment pour toujours : « Je jure à tout jamais de donner mes vingt ans, mes trente et mes suivants à ce reste d'homme, au corps lourd maladroit et au cerveau amputé. Peu m'importe l'allure, les carences, les troubles. Il a volé, c'est fou, tout ce que j'ai qui bout, chacun de mes frissons, chacune de mes pensées... Plus je connais les hommes et moins j'aime leurs chiens, et plus je le connaîtrai, plus je veux qu'il me morde. »

L'autre, puisqu'il s'agit d'elle, la fille, brûle aussi... Comme ces cierges épais qui consument des vierges peintes, elle s'allume à l'envers et la flamme part de ses pieds nus pour la reconstruire goutte à goutte en cire de rêve. Son amour en croix, elle attendra sa résurrection. Elle pense à Dieu, elle aussi avec une majuscule.

Le procès s'ouvrit le 2 octobre. Dieu n'y fut pas cité à comparaître. Dommage, il aurait été intéressant de voir quel côté de la barre il aurait choisi.

Il laissa les Hommes majuscules régler leurs comptes entre eux.

La campagne de presse avait atteint son objectif. La France entière se passionnait pour ce viol où la victime était du côté de la défense.

La traînée de poudre aux yeux s'était étendue de quotidiens en écrans sales. Chaque gros titre renvoyait les décisions fiscales en deuxième page. Et la colère du peuple, qui a si souvent besoin de se voir citée pour se persuader d'être fondée, s'amenuisait au fil des jours qui précédèrent l'ouverture du procès.

Le seul à être inconscient de cette mise en lumière fut Patrick.

Et quand, au matin du 2 octobre, la fourgonnette quitta la maison d'arrêt de Tulle, il pensa tout simplement qu'on le ramenait chez lui.

12

Claire

Comme aux ponts d'autoroute, un grand jour de carambolage, ils se pressaient, voyeurs vampires aux marches du palais. Par centaines. Curieux d'apercevoir le vol de cheveux roux et or, la mère en lunettes noires ou la détresse du père.

« Je la croyais plus jolie », « Elle n'a pas l'air si triste », ou encore « Il a mis une cravate bleue », étaient les remarques les plus fondamentales d'une foule curieuse et malsaine en manque de distractions.

La salle d'audience était bourrée à craquer. Et ce fut un Patrick hébété qui entra dans l'arène.

Oh, le joli taureau de quatre-vingt-cinq kilos ! Les aficionados des prétoires eurent un long frisson. Il ne manquait que les clarines. Et l'avocat général, torero gras, toisa l'adversaire avec un sourire de pitié.

Le président chauve de la cour d'assises réclama le silence. Comme celui-ci tardait à se faire, il y alla d'un autoritaire : « Je vous demande de vous arrêter », que son premier assesseur, petit hydrocéphale aux yeux cernés, appuya d'un froncement de sourcils approbateur.

Dans la salle des témoins voisine et étroite avaient pris place Simone, le Dr Bergman, Élise, Marie, Olivier et Dédée, cités par la défense... En face d'eux, muets aussi, Léon, les « agressés » du bal à Juillac, plus quelques témoins de « rancœur » venus se porter caution de la perversité de Patrick ou des forts soupçons de distractions orgiaques que la rumeur prêtait à Simone.

Ils se regardaient en chien de défaillance, guettant la fêlure de l'autre.

Ils avaient fait provision de cigarettes et de boissons, en prévision de la longue attente. Ils ne se doutaient pas que dans quelques minutes une suspension de séance allait projeter les uns dans la joie, les autres dans la colère.

Le coup de théâtre ne se fit pas attendre. L'« événement », que chaque chroniqueur judiciaire espère lorsque se déroule un procès de cette envergure, et qui, lorsqu'il survient, relance l'affaire au bout de quelques jours, fut cette fois fulgurant.

Il intervint à peine quelques secondes après l'ouverture de l'audience. Par la force d'un mot. Un seul. Un mot qui, Hasard de la conversation, n'avait encore jamais été prononcé devant Patrick.

Un mot qui allait tout changer.

Le président de la cour d'assises de Tulle, préfecture de la Corrèze, se lança dans un préambule inaccoutumé, mais que justifiait le battage national orchestré autour de cette affaire.

Et ce fut le dernier mot de ce préambule qui déclencha le coup de théâtre.

« Mesdames et messieurs, étant donné le climat passionnel et médiatique de l'affaire que nous allons juger, je vous rappellerai à la plus extrême tenue... Nous sommes dans un prétoire, pas sur une scène de théâtre... Et même si ce fait divers a produit depuis quelques mois une littérature discutable, mais hélas incontrôlable, je vous prie de bien vouloir considérer avec le plus de responsabilité possible que cette affaire est un drame vécu et pas un roman. »

ROMAN... Un mot de cinq lettres comme un autre. Un mot courant. Un mot banal.

Ce mot claqua dans la tête de Patrick comme une détonation. La consonance « an » bien sûr, et puis tout ce que représentait ce mot.

Et comme nous sommes dans un roman et que tout partait de l'instant où celui-ci avait démarré, l'imprévisible se produisit.

Patrick poussa un cri très bref, qui surprit tout le monde. Tous les regards se tournèrent vers lui et il y eut pendant quelques secondes un silence irréel.

Il secoua violemment la tête, plusieurs fois, de droite à gauche, les yeux fermés. Son visage parut se creuser. Mâchoires crispées, les ongles plantés dans le bois de son siège, il tressauta, un peu comme un condamné à mort en cours d'électrocution.

Quelques murmures de frayeur commençaient à monter du fond de la salle. Le président était blême.

Puis, d'un coup, les doigts relâchèrent leur pression, la secousse s'arrêta, et le visage de Patrick se transforma. Une soudaine et étrange émotion venait de l'illuminer.

Il ouvrit les yeux, lança quelques regards perdus puis articula : « Mais je suis où, là. Je rêve ou quoi ? Qu'est-ce que c'est que cette mascarade ? »

L'étonnement était général. Me Lamaison se tourna vers Patrick, inquiet.

« Qu'est-ce qui vous arrive ? »

Et Patrick le dévisagea.

« Vous êtes qui vous ? »

Le président frappa quelques coups de marteau.

« Silence. Silence, s'il vous plaît ! »

Puis s'adressant à l'accusé : « Vous êtes devant la cour d'assises de la Corrèze où vous comparaissez pour viol aggravé sur la personne d'une mineure, monsieur Boutot. »

Patrick ne put réprimer un sourire accompagné d'un regard incrédule.

« Attendez, les mecs, j'ai dû sauter des étapes... Moi j'étais dans un train qui montait à Paris... Je vous jure, j'ai l'impression de me réveiller... C'est une blague ou quoi ? »

Là, le silence se fit de lui-même. Tout le monde avait compris.

Cet homme à l'élocution incohérente, qu'on disait

débile, tout à coup se montrait lucide. Son « éveil » était convaincant.

L'avocat général se leva.

« Monsieur le Président, au vu de l'irréalité de la scène à laquelle nous assistons, je demande une suspension de séance. Je pense qu'il est urgent de convoquer, hors prétoire, les experts psychiatriques, pour savoir s'il s'agit d'une rémission hors du commun, ou si, comme je le crains fort, nous avons été abusé depuis le départ par un simulateur. »

Me Lamaison, abasourdi, eut quand même le réflexe professionnel de lancer : « “ Je le crains fort ” est de trop, monsieur le Procureur, mais je conviens que cette situation nouvelle mérite un report. »

Me Lamaison pénétra en courant dans la salle des témoins. Il était livide.

« Dédée, il est revenu. »

Elle ne comprit pas tout de suite le sens de la phrase. Me Lamaison ajouta : « Il a parlé normalement. On dirait qu'il vient de guérir, comme ça, d'un coup. »

Dédée resta un instant bouche bée, puis en levant des yeux déjà humides au ciel et en croisant les doigts elle murmura d'une voix à peine audible : « Merci. »

Et la flamme d'une vierge en cierge vint lui illuminer l'âme.

Léon avait l'air fou furieux.

« Qu'est-ce que c'est que ce cinéma encore ? »

Il fallut toute la diplomatie de Claire, accourue à son

tour, pour éviter que l'incident ne dégénère, tant il était le déclic libérateur d'énergie des protagonistes des deux camps, si pleins d'agressivité rentrée.

L'audience était suspendue, et pendant que les journalistes ravis s'envolaient vers les cabines téléphoniques, la nouvelle du coup de théâtre se propageait avec dans son sillage mille questions sans réponse.

Si la normalité semblait évidente, y avait-il eu simulation ? Était-ce un véritable phénomène échappant aux lois de la médecine pure ? Était-ce juste une carence dans la connaissance de ces mêmes lois ? Patrick était-il un monstre de forfaiture pour avoir joué à ce point de leur douleur en leur imposant un simulacre immonde ?

Les experts, convoqués à la hâte, dirigèrent Patrick sous bonne escorte vers l'hôpital le plus proche.

La comparaison des diverses radios et électroencéphalogrammes était formelle. Toutes les parties lésées et non régénérables avaient retrouvé leur aspect initial.

Et là, toutes les hypothèses des plus logiques aux plus farfelues furent passées en revue. Cela allait du miracle pur à une puissance surnaturelle inconnue, en passant, pour les plus cartésiens, par une manipulation des examens après l'accident avec la complicité du chirurgien traitant, qui comme par Hasard était un vieil ami de la mère de la victime.

De là on échafauda toute une série de complicités médicales, pour un intérêt encore à déterminer, qui promettait de gros ennuis au Dr Pierre Sureau. En tout cas l'ordre des médecins avait demandé une enquête qui s'annonçait longue et tortueuse.

Cela éclairait donc le procès d'un jour encore plus passionnant, ce qui fit la joie complète de Frédéric Moralot et de ses commanditaires qui n'en demandaient pas tant.

Me Lamaison avait passé la fin du premier jour de « relâche » à reconstituer dans la mémoire de Patrick le puzzle fou qui l'avait mené là.

Au fur et à mesure qu'on lui ressassait les événements, le « miraculé » semblait découvrir les cies d'un « trou noir » de plus d'un an, auquel il ne pouvait apporter aucun élément, ne se souvenant strictement de rien.

La seule chose qui lui importait, violeur ou pas, c'était de ne surtout pas passer le reste de sa vie en prison. Il lui tardait surtout de rencontrer des yeux cette fameuse Marie, dont même le visage lui était inconnu.

La nuit précédant la reprise des débats, dont l'interruption avait duré deux jours pour information médicale, Marie ne dormit pas une seule seconde.

Ce nouvel homme que la rémission avait fabriqué aurait-il encore les mots ingénus, les élans maladroits et sincères de l'« enfant blessé » qui lui avait volé le cœur ?

Elle resta jusqu'au matin immobile, dans le grand lit à baldaquin serrant sur son ventre le cahier rouge de sa plus belle histoire d'amour...

Quand, au matin du 4 octobre, l'audience s'ouvrit, c'est un Patrick nouveau et déterminé qui fut conduit dans le box des accusés. Bien qu'il fût cette fois en pleine possession de ses moyens, Me Lamaison l'avait convaincu de choisir le silence pour défense.

« Je suis sûr que je n'ai pas pu faire une chose pareille, avait répété cent fois Patrick, je vais les convaincre.

– Non, surtout taisez-vous et laissez-moi faire. Vous avez confiance ?

– En vous oui, en eux non. »

Les regards de la salle des témoins se ressemblaient maux pour maux, tant, si l'accusé avait totalement changé, la détermination des deux camps était la même.

Marie cherchait sans cesse les yeux de son père pour y planter sa vérité. Lui, fuyait vers ceux de Simone pour l'inonder de toute sa haine.

« Les débats reprennent, mesdames et messieurs, commença le président. Les circonstances les ont interrompus, pour enquête plus approfondie. La cour a pris note du changement d'état mental intervenu chez l'accusé, ce qui ne le dispense en aucun cas de ce procès. Défense et partie civile en sont d'ailleurs convenus. Je vous réitère ma demande de bonne tenue. Greffier, veuillez lire l'acte d'accusation. »

Viol sur mineure aggravé de violences. La peine pouvait aller jusqu'à dix ans ferme. C'est d'ailleurs ce que comptait requérir l'avocat général.

Le procès dura deux jours, pendant lesquels défilèrent à la barre témoins de l'accusation et témoins de la défense. Certains sous serment, d'autres non, en fonction du pouvoir discrétionnaire du président.

Les analyses concluaient à un rapport violent certain. Quant aux traces de coups, aucun élément ne permettait d'en affirmer la provenance.

La version selon laquelle il y avait eu rapport consentant et violences paternelles après, ne tenait que par les déclarations de Marie.

Hélas, les témoignages des gamins frappés au dancing de Juillac, plus d'autres dénichés par Léon, qui avaient eu maille à partir avec le Patrick rugbyman des troisièmes mi-temps, traçaient de lui un portrait violent.

Cécile, l'ex-femme de Léon, eut beau citer quelques colères de son ex-mari, le jury, composé pour la plupart d'hommes mariés, accueillit avec une indulgence feinte ces quelques gifles données à une femme que le jugement de divorce avait classée infidèle.

Il y eut la déposition de Dédée, blessée et émouvante, mais, soupçonnée de complicité dans les examens qui avaient décrété son fils « impotent mental », elle ne pesa pas aussi lourd que Me Lamaison n'aurait pu le croire.

Simone et ses bagues, Olivier et sa relation avec elle étalée, même Martine, ex-épouse digne et si sincère dans son désir de tracer de Patrick un portrait de bon garçon, n'avaient pas ébranlé la conviction plutôt défavorable des jurés, conditionnée par des centaines d'articles de presse préalables.

Tous les témoins entendus s'éparpillèrent au fur et à mesure dans la salle. Et ce furent tous les acteurs de cette affaire, mélangés à un auditoire impatient, qui virent entrer, frêle et décidé, le dernier témoin cité par la défense : Marie.

Patrick vit s'avancer le corps souple de son futur absolu, et tout à coup l'espace se vida.

Elle ne regardait que lui. Un fil les reliait.

Marie avait souri. Le regard du « nouveau Patrick » lui avait pris la peau, les reins, et un immense bonheur l'avait envahie... Le même amour. Plus, peut-être, tant la situation renforçait une émotion déjà à fleur de peau.

Une chaleur inconnue avait submergé Patrick... Avec cette impression de « déjà vécu » qui s'empare de nous pour quelques secondes et qui, là, se prolongeait. Avec Chopin en Walkman intérieur sans qu'il sache pourquoi.

Dédée, dont le regard ému allait de l'un à l'autre, se souvint d'un regard d'homme, il y avait longtemps, en attente de justice lui aussi. Elle se dit que ces deux-là s'aimaient.

Marie fut émouvante, convaincante et superbe. Elle raconta sa version, sans haine, si ce n'est pour l'acharnement médiatique. Elle cita même la perfidie de Miguel et Francis qui, tapis au fond de la salle, prirent son mépris avec un léger sourire.

Un voisin se pencha vers eux et dit à mi-voix : « Salauds ! »

Miguel, sans se retourner, répondit sans émotion : « Enchanté, moi c'est Miguel ! »

Plus Marie parlait, plus Patrick était hypnotisé par ce petit bout de femme forte, dont il avait possédé le corps mais dont aucun bout de sa peau n'avait le souvenir.

Elle termina par ces mots, en désignant Patrick : « Je jure devant Dieu que cet homme ne m'a pas violée. »

Puis elle se tourna vers Léon et, des sanglots plein la voix, eut une longue plainte.

« Je t'en prie, dis-leur la vérité... Je sais que tu m'aimes, vois comme je souffre. Dis la vérité, s'il te plaît, mon papa. »

Le « mon papa » fut comme un coup de poing dans l'estomac de Léon... Elle ne lui avait plus dit « mon papa » depuis si longtemps.

S'ensuivit un silence très pesant. Quelques secondes de plus et il aurait peut-être craqué.

Ce fut le président qui le sauva.

« Merci, mademoiselle. »

En ne prolongeant pas ce silence capital, il venait de tuer la vérité.

Francis se pencha à l'oreille de Miguel.

« Il est dans le coup ?

– Évidemment, fit Miguel sans bouger la tête, les deux assesseurs aussi. Mais ça ne fait que trois voix pour les délibérations. Trois plus neuf des jurés, ça fait douze, et il faut une majorité de huit pour condamner. »

Pendant tout ce procès « fondue savoyarde », les fils

tendus des uns aux autres s'entremêlaient. Outre celui qui reliait Patrick à Marie, celui qui partait de Me Lamaison vers son ex-femme portait sur lui, funambules, les mille parfums d'une souffrance en équilibre.

Claire se leva pour sa plaidoirie. Elle ne fut pas très longue. Pour elle l'évidence des faits suffisait. Elle en vint à l'essentiel de ce qu'elle avait préparé.

« Messieurs les jurés, cette plaidoirie étant pratiquement close, permettez-moi puisqu'elle fut courte d'utiliser le temps que je n'ai pas jugé bon de vous infliger, tant l'affaire me paraît évidente, à évoquer quelque chose de tout à fait personnel et qui me tient à cœur en ces circonstances exceptionnelles. " Exceptionnelles " est bien le mot qui convient, car j'apprendrai à ceux qui l'ignorent que Me Lamaison, mon adversaire d'un jour, fut pendant de belles années mon mari. »

Il y eut un léger remous dans la salle. Décidément, ce procès n'était pas comme les autres et les photographes s'en léchaient d'avance les bobines.

« Ce n'est peut-être pas le propos, hasarda le président.

– Si, justement », répondit-elle en venant se planter théâtralement à un mètre de Michel, dont le sang commençait à battre plus fort.

Elle prit un temps et enchaîna : « Michel, tu vois, je t'aime encore. Et tellement plus que tu ne peux l'imaginer. Oui, je t'ai quitté parce que tu me trompais, parce que, parfois, tu me battais. »

Michel ouvrit la bouche pour protester. Mais elle colla tendrement sa main dessus en disant : « Chut ! Laisse-moi finir. Ce procès fut pour moi à la fois un calvaire et un bonheur immense. T'avoir enfin à nouveau près de moi. Moi qui t'ai tout pardonné. Tu entends : tout. Au point de te demander devant tout le monde de reprendre avec toi la vie que je n'aurais jamais dû quitter. »

Là, le président fut obligé d'intervenir.

« Pardonnez-moi, maître, mais nous nous éloignons de notre affaire et je la pense suffisamment grave pour que vous abandonniez tout de suite cette attitude qui n'a rien à voir avec ce que nous jugeons, et dont il vous sera demandé de rendre des comptes... »

Claire eut un immense mouvement de manches.

« Rien à voir, dites-vous, monsieur le Président, mais si, et même au contraire, c'est là le nœud de toute cette histoire : Marie est envoûtée, oui ! Mais par l'amour !

« L'amour. L'amour fou. L'amour aveugle. L'Amour majuscule qui, d'une femme solide comme moi, fait une enfant docile parce que je ne peux pas vivre sans cet homme à qui je viens de faire la plus belle des déclarations. L'amour. Le même qui aujourd'hui nous montre une fillette qui refusait de donner son corps mais qui avait déjà donné son âme. Qu'importe qu'après cet amour soit plus fort que la blessure, qu'importe même qu'elle y ait pris du plaisir.

« Le fait est que nous le jugeons *lui*, et pas elle. Parce

qu'il l'a prise sans son consentement et parce qu'il l'a frappée. Je vous demande même, mesdames et messieurs les jurés, d'être encore plus sévères. Parce que ce qu'il a eu par la violence, il aurait pu l'avoir par la patience. Ce n'est pas un violeur d'inaccessible, et c'est encore plus grave ! »

Avant de regagner sa place, elle jeta un dernier regard tendre en direction du banc de la défense et lança : « Je t'aime, Michel ! »

Et le président enchaîna : « La parole est à la défense. »

Ce fut la plaidoirie la plus difficile que fît jamais Me Lamaison. Totalement déstabilisé, ses années de métier sauvèrent l'essentiel. Mais tout à l'immense bonheur qui lui avait envahi le cœur, ses mots n'avaient pas la même conviction.

Et la cour se retira pour délibérer.

Les deux assesseurs et le président penchaient bien entendu pour la culpabilité de Patrick.

Il ne restait qu'à convaincre cinq des neuf jurés de condamner Patrick aux dix ans de réclusion requis et aux 50 000 francs de dommages et intérêts qu'attendait impatiemment Léon.

Malgré les conseils de Me Lamaison, les derniers mots de Patrick avaient été : « Je n'ai pas confiance dans la justice de mon pays », ce qui en plus d'aggraver son cas pouvait lui valoir une condamnation pour outrage à magistrat. Mais c'était le Patrick de toujours, le Patrick bousculeur d'ordre établi. Olivier s'en était même retenu d'applaudir.

Pour les trois juges, la cause paraissait entendue et ils imaginaient que les délibérations ne seraient qu'une formalité. Ce ne fut pas le cas.

Car, même influencés par une longue campagne de dénigrement, une évidence des faits et une accusation remarquable d'habileté, les jurés doutaient encore.

Cinq hommes et trois femmes du quotidien, abasourdis c'est sûr, par cette responsabilité pesante, mais pris au jeu de leur importance soudaine. Quitter ce théâtre passionnel et passionnant sans vrai débat les frustrait par avance.

Ils débattirent donc. Et leur âme et conscience se faisant des nœuds inhabituels, ils mirent plusieurs heures à se mettre d'accord, chacun ayant proposé un verdict en fonction de sa propre personnalité.

À se demander si témoignages, experts, émotions et pleurs avaient changé quelque chose à leur conviction établie par rapport à leur vécu.

À se demander si ce n'est pas toujours ainsi !

Paul Chabot, agriculteur, quarante-cinq ans, attendait toujours que la justice lui rembourse les dégâts de la moissonneuse de son voisin. La dernière phrase de Patrick l'avait séduit : non coupable.

Micheline Sautet, femme au foyer, sept enfants.

Esclave aux mains crevassées de lessives, agacée par l'aisance, la beauté et les bijoux aux doigts de Claire : non coupable.

Gilbert Deselles, trente-huit ans, instituteur dans un petit village, au tableau d'une école moribonde. Lunettes épaisses, gilet de laine, barbichette. Une évidence : coupable.

Gisèle Morrot, trente-quatre ans, dite Mme Luna, voyante. Experte en prédictions en tout genre. Pipelette prévoyant depuis le début de l'affaire l'acquittement, bien avant de savoir qu'elle serait juré. Convaincue du contraire par l'audience, mais professionnelle avant tout : non coupable.

Paul Ferrand, trente-sept ans, ferronnier d'art. Remarié avec une ex-épouse de joueur de rugby. Obligé de supporter les comparaisons journalières avec les performances de l'ancien : coupable.

Sylvie Milot, cinquante-six ans, employée d'usine. Un grand fils qui l'avait quittée, fatigué de son étouffement. Seule avec un chien transfert, gâté et obèse. Jalouse des regards de Patrick à sa mère : coupable.

Pierre de Terrail, cinquante-quatre ans. Châtelain de haute tenue. Très vague cousin du président Giscard. Ne souriait jamais. Ne manquait jamais les vêpres. Scandalisé par Simone. Rendez-vous compte ! Des orgies dans un château du XIIIe : coupable.

Joël Deville, trente et un ans, chauffagiste. Trois enfants. Sans problème. Fidèle. Bon père, bon époux.

Militant communiste. Généreux. Honnête : non coupable.

Quatre votes pour la culpabilité plus les trois des juges : sept voix pour.

Restait une voix. Si elle disait « coupable », la majorité de huit était atteinte et Patrick condamné.

C'était celle d'Éric Lefort, quarante-huit ans, représentant Kronenbourg. Marié, un enfant.

Dédée ne saurait jamais que, le jour où elle avait préféré solliciter Heineken pour renouveler le stock du *Turenne*, elle condamnait le représentant concurrent à une rancune tenace et son fils à dix ans de réclusion.

Ce n'était bien sûr pas l'unique raison qui avait motivé le verdict d'Éric. Mais nous avons tous au fond de nous, bien enfouies, de vieilles rancœurs ou de vieilles reconnaissances inconscientes qui conditionnent bien plus qu'on ne le croit nos choix futurs. Cherchez bien, vous verrez ! Coupable.

La sentence fut accueillie bien sûr par des soulagements et des effondrements.

Des cris, des larmes et, au milieu, le regard bleu d'un homme qui part pour l'enfer, caressant une chevelure rousse et or et son amour dessous.

Restes du Patrick « débile » ou coup de foudre conditionné, qu'importe. Le fil était là. Solide des deux côtés. Renforcé par la situation extraordinaire au vrai sens du terme.

Elle et son amour d'avant qui semblait continuer pareil puisque le regard de Patrick lui prenait toute l'âme les reins et la peau encore et encore.

Et lui payant de sa liberté le plus profond d'elle dont il ne se souvenait même pas.

C'était beau, lyrique, dégueulasse et irréel. La vie, quoi !

Michel Lamaison s'approcha de Claire, ému.

« Félicitations quand même... »

Puis il ajouta en sourdine, tendre : « Ce soir, à la maison ? »

Elle rejeta en arrière ses longs cheveux bruns, puis le fixa avec ce regard que seules les femmes intouchables peuvent se permettre et lui lança : « Tu plaisantes ! »

Il blêmit. Puis il comprit.

« C'est pas possible, t'as pas fait ça ? »

Et elle répondit, froide : « Ça. C'est la gagne ! »

Puis, l'attrapant par le cou et faisant semblant de l'embrasser dans l'oreille, elle chuchota, plus cynique que jamais : « Pour les pétasses, les coups et les humiliations, merci, connard ! »

Simone s'approcha de Michel.

« Ne soyez pas abattu. De toute façon les journaux avaient tout préparé. C'était injouable. »

Il leva ses yeux trempés.

« Je l'ai perdue.

– Nous l'avons tous perdu ce procès », répondit Simone, sourde à un féminin inaudible.

Puis elle dit, plus pour elle-même que pour l'avocat anéanti : « Tout le monde n'a pas tout perdu. Je vous jure bien que ces deux ordures de journalistes vont gagner leur billet pour le béton autour du cou. »

Elle se surprit à employer un langage de voyou qu'elle n'avait pas utilisé depuis des années. Depuis Walter. Son seul. Son unique. Son mercenaire. Son fou.

Celui qu'elle n'avait plus contacté depuis l'affaire des bijoux de la Vigny. L'affaire qu'elle lui avait préparée en cadeau d'amour et qui l'avait envoyé à la Santé.

Et à sa sortie, malgré tout, il lui avait donné un numéro de téléphone où le joindre en cas d'extrême urgence, reconnaissant des colis et des parloirs réguliers.

Redevenu « honnête », il tenait à présent un couscous à Pigalle, souvenir des années d'Algérie pour la spécialité, et proximité de tapins dociles pour l'emplacement.

C'est à lui que Simone allait confier le règlement d'ordures pour solde de tout compte.

Francis et Miguel allaient regretter très fort que leur route soit passée un jour par Isatis.

Patrick avait regagné la prison dans un état second. Violent, tellement violent ce passage d'un compartiment de train-espérance à une cellule-enfer, sans aucune trace de vie pendant plus d'un an.

Il avait beau fouiller, il ne retrouvait rien, même pas la raison pour laquelle il avait sauté du train.

Et il était là, seul. L'odeur fade des murs gris lui soulevait le cœur.

Il fit cette nuit-là des cauchemars de serres d'aigle, puis de chute libre. Il se réveilla trempé d'une sueur acide. Ses hurlements rebondirent en squash sur les murs-cage.

Il frappa jusqu'au sang les pierres sales au-delà de ses forces puis s'écroula épuisé.

Dans l'immense douleur d'impuissance qui le submergeait, brillait une lueur : la cassation du jugement.

Ce ne fut pas Me Lamaison qui la demanda.

Un pendu se balançait quelque part dans une maison vide... Deux mots écrits à la hâte sur la poussière du sol : « Merci, Claire. »

Le procès avait duré deux jours. Pourtant dans la mémoire de chacun il ne restait aujourd'hui qu'un éclair. Comme tous ces événements qu'on appréhende tant qu'une fois passés nous ne nous souvenons que de leur fulgurance.

Bien sûr, c'étaient des pages et des pages d'audiences de témoins, d'explications, de mensonges, de procédures. Mais au bout, point de ces fresques en détail qui restituent la couleur de chaque mot et de chaque intention.

Non, juste un Polaroïd flou de précipitation. Une traînée « bleu-blanc-rouge », justice de France : bleu le regard du condamné, blanc le poil de l'hermine, et rouge la robe du juge ou l'œil qui pleure.

Et une fois le Polaroïd agrandi se dessinait un constat simple et désolant, en filigrane des vapeurs tricolores :

un innocent emmuré, un amoureux suicidé, de l'encre sale sur du papier à gros tirage, un père défrayé, une avocate au champagne, et une vieille dame aux cheveux blancs dont les doigts tricotaient, tricotaient, tricotaient.

Ailleurs des avions tombaient, des enfants aussi, des femmes hurlaient, des chiens mordaient, des fusils crachaient leur mort de plomb aux quatre coins d'une planète ronde, paradoxe d'une grosse boule bancale et pleine d'eau.

Et le Hasard perché sur son nuage-trône regardait son empire océan.

Tous des fils de corail, émergeant plein soleil. Au début ils pataugent. Ils essaient de nager, comme ils peuvent, maladroits. Le courant les emporte, ils croisent des dérives, s'accrochent à des radeaux. La plupart sont en bancs serrés, pareille écaille et nageoires de fortune... Lorsqu'ils sont des poètes, ils sont poissons volants.

Baleines riches et grosses ils amassent la graisse, leur portrait dessiné sur des boîtes de sel. Il y a les crabes au fond qui marchent de travers, se nourrissent des autres quand les vagues les coulent.

Ils sont pieuvres, mérous, thons, requins les plus gros, et le menu fretin les précède ou les suit...

Ceux qui n'ont pas péri mangés, noyés ou à bout de forces, s'échouent sur des rochers, pour les plus fous d'entre eux, ou sur des plages longues pour les plus raisonnables.

Et le Hasard contemple l'océan qu'il a fait, et les hommes qu'il noie.

Puis il rentre au logis où son épouse Chance lui a mijoté le repas de midi. Il s'assied.

Ensuite, il retire la cloche qui cache son menu et s'écrie agacé : « Merde, encore du poisson ! »

Si dieu existait, il en aurait marre des hommes. Y a trop d'arêtes !

13

Walter

Dédée voulait tuer Léon. Simone, Miguel et Francis. Olivier, c'était Claire. Et le Dr Bergman se tuait à leur dire qu'il ne fallait tuer personne.

La cuisine d'Isatis sentait le deuil. Ils étaient tous les quatre autour de la table en chêne, comme aux soirs où l'on s'échappe en verres de remontant, quand le cercueil dort dans une chambre proche. La lumière même était de veillée.

Un deuil sans linceul, sans enterrement. Un deuil où le mort était vivant, mais qu'on imaginait si froid, si seul dans son tombeau prison...

Martin Bergman argumentait de tout son humanisme, de toute sa tolérance.

« Ça ne servira à rien. Et puis il faut attendre la cassation. La pression médiatique sera moindre. Il faut attendre, mes amis. »

Comment leur expliquer la patience et l'espoir, à ces êtres sans étoiles. Eux qui n'avaient pas connu les longues années de doute, où chaque silhouette nouvelle aperçue de loin faisait battre son cœur vieux en espoir de retour.

Bien sûr, aucun n'était revenu. Ni Rachel, ni les enfants, ni Rosa sa sœur.

Rosa, il savait qu'elle ne reviendrait jamais.

Un témoin lui avait raconté les détails de l'horrible torture que lui avaient fait subir deux jeunes miliciens fous, Français vendus.

Collaborateurs plus par cruauté et impunité que par idéal, ces deux gamins de dix-huit ans, devant les yeux d'une dizaines de Juifs raflés dans la région bordelaise, avaient fait un exemple de cette sœur courage qui leur avait craché dessus. Violée, égorgée, ils avaient dansé sur son corps et avaient fait lécher le sang de leurs bottes noires aux témoins pétrifiés de cet abominable crime.

Un de ces témoins, évadé par la suite, avait tout raconté à Martin. Aussi ne nourrissait-il plus pour sa pauvre sœur l'espoir de retour qui le faisait sursauter chaque fois qu'une femme au loin s'avançait, deux enfants à la main.

Rachel et les petits avaient été pris un matin, puis emmenés il ne savait où, et l'absence totale de nouvelles, même trente ans après, lui laissait encore un espoir.

Quant à Rosa, dont il avait raconté le calvaire à Simone, il s'en servait ce soir pour les convaincre de ne rien faire. Bien sûr, il mentait un peu son oubli de haine, mais il ne voulait surtout pas qu'il arrive encore des malheur à Simone, qui avait un peu pris la place de sa sœur confidente...

Cependant Simone insistait.

« C'est vrai, Martin, que notre malheur n'a rien de comparable au vôtre, mais j'étouffe. Je n'accepte pas que ces fumiers continuent à respirer en toute impunité. »

Car l'immonde de la chose était que non seulement les articles avaient blessé, rédigés en dépit de toute morale, mais qu'en plus le journal avait doublé son tirage et que les deux ignobles avaient dû en être félicités.

Et cela mettait Simone hors d'elle.

« Rendez-vous compte, reprit Simone, que si vous, docteur, mentez sur un diagnostic ou soignez à l'envers de l'indication vous serez puni, voire radié par le conseil de l'ordre des médecins. Mais là, quel recours ? À part une vague publication en troisième page pour diffamation et une amende dérisoire. Et, en plus, leurs patrons les félicitent, et les autres patrons les montrent en exemple. Et puis diffamation ou pas, le mal est fait. Dans ces journaux-là les non-lieux n'effacent jamais les assignations. »

Martin, bien que d'accord avec Simone, revint à la charge.

« Excusez-moi de vous reparler d'elle, mais au nom du souvenir de ma Rosa, ne faites rien. Parce que si moi je n'ai rien fait, il n'est que de mesurer la distance qui sépare les deux ignominies pour vous convaincre que votre action serait incongrue et basse. »

Il avait parlé avec une telle solennité – et pour la première fois avec des sanglots dans la voix – que Simone baissa les yeux sans répondre.

Olivier était convaincu. Dédée pas du tout.

Pour elle, il n'y avait qu'un seul véritable responsable de tout. C'était Léon. Et son abattement d'un an s'était transformé en haine terrible à l'encontre de cet homme reptile qu'elle souhaitait détruire de ses propres mains. De ses propres pieds était plus juste. Elle jurait qu'au plus vite elle écraserait la tête de cet être venimeux. Comme aux pierres d'été on éclate les vipères !

Ce soir de deuil dans la cuisine, à bout de tout, alors que le Dr Bergman continuait d'insuffler à tous ses conseils de prudence, Dédée glissa d'un coup au bas de sa chaise, en syncope.

Martin ne perdit pas de temps. Baisse de tension. En bout de stress. Rien de très grave, mais le temps du voyage et Dédée dormait paisiblement, assommée d'antidépresseurs, à l'hôpital de Brive.

C'est Simone qui avait conduit la mère de Patrick, accompagnée de Martin.

Au retour, ils parlèrent encore de l'inutilité de la vengeance. Cette loi du Talion que le Dr Bergman assurait bien anodine par rapport à l'autre loi.

« Laquelle ? demanda Simone.

– Celle du Hasard, répondit Martin toujours aussi sûr de lui. Vous savez, Simone, je suis certain que la nature accole toujours un bonheur à une ignominie. Comme ça, sans que nous le sachions, parce que c'est une loi immuable.

« Un enfant est écrasé par une voiture, et ailleurs, au bout du monde peut-être, un autre enfant évite la mort de justesse. Je crois que chaque drame humain a son utilité dans un bienfait par équilibre naturel. Une loi qui échappe à notre perception. Ainsi, je puise mon humanisme et mon absence de vengeance pour le calvaire de Rosa dans le fait que le Hasard a fait ou fera un acte magnifique de ce carnage. Je ne sais qui en sera le bénéficiaire. Sans doute ne le connaîtrai-je jamais, mais si son bonheur est proportionnel à la douleur de ma sœur bien-aimée, je me force à me convaincre qu'elle ne sera pas morte de barbarie mais d'utilité. »

Simone n'ajouta rien. Mais dans l'espace autour d'eux flottaient deux évidences.

La première : Simone allait quand même téléphoner à Walter pour qu'il règle leur compte aux deux voleurs d'intimité.

La deuxième : Martin Bergman avait raison. Le calvaire de sa sœur servirait par ricochet au bonheur d'un être, à une hauteur proportionnelle à la douleur vécue.

Il ne s'était trompé que sur une seule chose, quand il avait dit du bénéficiaire : « Peut-être ne le connaîtrai-je jamais. » Il le connaissait déjà, et très bien.

Le coup de téléphone en pleine nuit réveilla Walter.

« Qui ? Simone. C'est pas possible. Quelle surprise ! »

Presque six ans sans nouvelle d'elle. Walter éprouvait une réelle tendresse pour cette femme rare... Les tuyaux qu'elle lui avait donnés sur la demeure d'Anne de Vigny pour un casse tranquille s'étaient révélés percés par les crocs de deux dobermans furieux. Il ne lui en avait pas voulu. Les risques du métier. Par la suite, il fut réellement touché par ses lettres et les instants de parloir si réconfortants. Il avait envers elle une dette de « je ». Personnelle et tendre.

Ils parlèrent presque jusqu'au matin. Au début de lui, puis d'elle, puis d'eux. Puis Simone lui raconta l'affaire. Il ne lisait pas ces journaux-là mais en avait vaguement entendu parler dans son restaurant devanture.

Oui, il était toujours voyou. Peut-être même plus que jamais. Le règlement de comptes que Simone lui demandait en service discret serait une formalité qu'il tenait à ne pas déléguer comme il en avait l'habitude.

Ils reparlèrent d'eux.

Et comme de la vitesse d'exécution du « contrat » dépendait leur nouvelle rencontre téléphonique, il promit de s'en occuper dès le lendemain.

Retrouver Miguel ? Un jeu d'enfant.

Le lendemain donc, quand Miguel le « fouille-merde de secours » gara son auto dans son parking souterrain, à peine sorti, un canon froid se posa sur sa tempe.

« Miguel Fuentes ? »

Sa salive se bloqua et il répondit, tremblant, d'une voix de fausset.

« Oui.
– On va faire mumuse chez toi, tu me guides. »

Et jusqu'à sa porte d'entrée il ne vit pas le visage balafré, monté sur un corps impressionnant, de l'homme qui le braquait.

Il y eut d'abord quelques coups. Suffisants quand même pour que Miguel se retrouve au bord de l'évanouissement. Puis des menottes aux chevilles l'accrochèrent jambes écartées au pied du lit.

Walter arracha le pantalon du pauvre Miguel qui à ce moment-là eut quand même un doute sur la nature de l'agression. Il ne put s'empêcher de penser : « Si c'est pour ça, y avait qu'à demander gentiment. »

C'est une question banale de Walter, d'ordre domestique, qui le ramena à la réalité.

« C'est 110 ou 220 ici ? » demanda-t-il en ouvrant une mallette pleine de fils enchevêtrés.

Évidemment, le chatterton sur la bouche l'empêchait de répondre.

Walter prit la précaution, avant de le décoller, de lui dire : « Si tu gueules, je te coupe les couilles. »

Miguel ne gueula pas mais, avant de donner le renseignement électrique, osa :

« Qu'est-ce que vous voulez? ... Le fric est dans l'armoire. C'est du 220. »

Walter sourit.

« Je ne suis pas un voleur. Vois-tu, petit pédé, et en plus t'as pas de bol, je les aime pas. T'as fait trop de mal quelque part en Corrèze. Faut pas faire chier les potes à Walter. Walter c'est mon nom. »

Il éclaira son propre visage avec un briquet, et enchaîna : « Et ça c'est ma gueule. C'est te dire si ta vie touche à sa fin. Mais ordure comme t'as été avec maman Simone, on va rigoler un peu avant. Nostalgie algérienne. »

Là, Miguel paniqua vraiment... Pendant que Walter se dirigeait vers les prises de courant et qu'il commençait son installation, Miguel parla en rafale, tentant tout.

Ce n'était pas sa faute, il n'avait fait que son travail, etc.

Walter écoutait sans se retourner les balbutiements d'un homme affolé pleurant et suppliant. Il prenait son temps. Ce genre de supplique faisait aussi partie de son plaisir. Il adorait cette sensation de pouvoir de vie ou de mort sur des êtres effrayés...

Mais soudain il s'arrêta net et se retourna. Un nom avait provoqué un déclic terrible dans sa tête.

« Répète ce que tu as dit ! »

Miguel ouvrait des yeux étonnés. Walter hurla : « Répète ce que tu as dit.

– Ben... J'ai dit que j'ai obéi aux ordres de mon patron, vous pouvez lui demander. J'ai son téléphone. Frédéric Moralot... »

Walter répéta pour lui-même plusieurs fois « Frédéric Moralot », avec sur les lèvres pour la première fois un léger sourire. Il questionna : « Son âge ? »

Miguel, dérouté par la question, balbutia : « Euh... Je sais pas. Comme vous à peu près. »

Walter réfléchit un instant puis demanda : « Son téléphone ? »

Heureusement, Miguel le connaissait par cœur.

Frédéric Moralot recevait ce soir-là quelques amis à dîner.

« Amis » était d'ailleurs une appellation bien galvaudée pour les six squatters de sa générosité, dégoulinant de flatteries et de compliments mentis. De la racaille de salon, en quête d'appuis, de prêts non remboursables, qui le couvraient d'éloges de poulpes. Visqueux et tentaculaires, ils lui souriaient, les dents tachetées de caviar amorce. L'appât préféré des pêcheurs de cons.

Quand on lui apporta le téléphone à table, tous virent son visage se décomposer à l'écoute de son interlocuteur.

La voix à l'autre bout questionna : « Frédéric Moralot ?

– Lui-même. »

Puis la voix ajouta : « Moralot ou Mordanleau ? »

C'est à ce moment-là que Frédéric blêmit. Il questionna à son tour.

« Walter Dunoyer ?

– Évidemment, petit frère ! »

Là, le visage de Frédéric se teinta d'une énorme joie retenue.

« Pas au téléphone... Tu es à Paris... Bon, très bien... Au 8, avenue de Versailles... Dans une heure. »

Frédéric raccrocha puis se tourna vers ses convives légèrement contrariés : « Excusez-moi, mais nous allons abréger ce repas. »

Les fourbes ne s'offusquèrent qu'intérieurement de cette prise de congé brutale, à deux doigts de l'omelette norvégienne. Il ne les raccompagna même pas. Ses pensées nostalgiques se fondaient déjà dans la fumée de son cigare vert-de-gris.

C'était en 1943. Frédéric Besse et Walter Dutour avaient l'un dix-huit ans et l'autre dix-sept.

Il y a des jeunesses dorées qui se contentent de cousines à butiner et d'héritage à noyer dans le whisky. Ces deux-là, fils de haute bourgeoisie bordelaise, avaient changé le tweed pour de longs manteaux de cuir, et leur apprentissage des langues étrangères passait par la fréquentation sans retenue de l'occupant germanique...

Déjà pourris jusqu'à la moelle, en rupture de familles trop lâches pour choisir leur camp, ils s'étaient rendus célèbres par d'horribles méfaits, que la certitude d'une victoire allemande leur avait fait accomplir à visage découvert, sans mesure ni précaution.

Et pourtant, un soir de septembre 1945, après bien des fuites, ils étaient là, sur le pont de Bordeaux, en attente d'un ancien collaborateur qui leur avait donné rendez-vous pour les faire passer clandestinement en Espagne. Ils pourraient échapper ainsi aux maquisards régleurs de comptes qui les cherchaient depuis des mois pour leur faire la peau.

Intention tout à fait légitime au vu de leur tableau de chasse de guerre, le point d'orgue ayant été atteint dans une abominable soirée de sauvagerie et d'alcool où ils avaient violé puis égorgé une jeune juive, dont ils avaient ensuite fait lécher le sang sur leur bottes à d'autres juifs qu'ils avaient par la suite massacrés, pour la plupart.

Mais les vrais ignobles ont ceci de particulier, c'est qu'ils sont aussi ignobles entre eux.

Et ce soir-là, en guise de camionnette d'émigration clandestine, les deux jeunes monstres virent arriver une traction toutes mitraillettes dehors, bourrée de résistants.

Trahis. Le « sauveur » les avait balancés. Comme quoi, un rendez-vous manqué sur un pont bordelais peut changer toute une vie, mais ça, on le savait déjà !

Ils eurent juste le temps de faire le grand saut dans le fleuve passant par miracle à travers les rafales.

Walter reçut quand même un projectile sur la joue qui lui valut sa future balafre. Frédéric quant à lui se réceptionna si mal que ce fut Walter, exceptionnellement fort, qui l'entraîna sous l'eau, puis, d'apnées en crawls tortueux, les amena sains et saufs sur une berge déserte.

De là, après être restés trente heures cachés dans l'eau ou sur ses bords les plus proches, ils se faufilèrent dans un bateau de pêcheur.

Deux assassinats supplémentaires leur firent remplacer les propriétaires et leur longue fuite les conduisit en Espagne où ils se séparèrent quelques mois plus tard.

Ils choisirent alors de refaire chacun sa jeune vie sous une autre identité.

Cependant, c'est un soir de trop d'alcool encore qu'ils décidèrent de ce qui allait les faire se retrouver au mois d'octobre 1976, plus de trente ans après.

« Tu vois », balbutiait ivre mort Frédéric dans un bar à filles d'un port espagnol, « pour tous ces connards de F.F.I., on a été coulés dans la Gironde. Eh ben... quand je changerai de nom je m'appellerai Mordanleau, pour les faire chier. Normal, ils croient que je suis mort dans l'eau. »

Et il éclata d'un rire bien gras, fier de son jeu de mots minable.

Et Walter, encore plus saoul, bafouilla :

« Ouais, c'est beau... Mordanleau, ou alors Moralot avec *ot* à la fin, ça fait normand... Saloperie de Normandie. »

Et Frédéric surenchérit.

« Et toi t'as qu'à t'appeler Dunoyer. Walter Dunoyer. C'est beau ça, puisque tu t'es noyé. Hein, Concepción ? »

Et Frédéric prit à pleine bouche la putain espagnole de service, plus fier encore de ce deuxième jeu de mots plus minable que le premier.

Walter leva son verre.

« À Frédéric Moralot, à Walter Dunoyer. »

Un rendez-vous manqué sur un pont de Bordeaux, des pseudonymes pitoyables volés au fond d'un fût de sangria, et le Hasard Wehrmacht et Vermot entrechoquait encore trente ans après des destins croisés.

Martin Bergman avait raison. Le calvaire de Rosa était inscrit dans la loi de compensation qui rend d'autres pétales à des fleurs piétinées. Autre lieu, autre temps, autre fleur. Le bonheur de Patrick était suspendu à l'accolade de retrouvailles de deux monstres de haine, deux immondes salauds impunis qui venaient de tomber dans les bras l'un de l'autre au 8 de l'avenue de Versailles un soir d'octobre 1976.

Ils se racontèrent d'abord leur nouvelle vie. Frédéric et sa reconversion journalistique. Ses remords du début, quand rapatrié vers la France en compagnie de moines français de retour de pèlerinage à Fatima, il avait passé deux ans dans leur cloître entre jardinage et pénitence. Sincèrement repenti, il avait fait de sa nouvelle vie un chemin de croix où il s'était efforcé d'aider à porter de son mieux celle des autres.

Et puis il y avait eu ce jour de pluie, où voulant rattraper un enfant qui traversait dans les clous, il lui avait permis d'échapper à la folie d'un chauffard mais y avait laissé ses deux jambes.

Là, sa dévotion s'était brisée net. Le fait d'être puni pour avoir fait le bien avait anéanti sa rédemption.

Walter, lui, avait prolongé son voyage espagnol jusqu'en Algérie, dont il n'était parti que par obligation, après la guerre, laissant encore derrière lui des traces de sang.

Reconverti restaurateur merguez, les démons du mal ne l'avaient jamais quitté. Il était aujourd'hui à la tête d'un petit empire de truands sans morale qui tenaient tous les quartiers nord de la capitale.

Ce qui les surprit le plus dans leur compte rendu de vingt ans de vie parisienne, c'est qu'ils ne se soient jamais croisés, même furtivement, et qu'aucun des deux n'ait entendu parler du nouvel autre. Une fois pourtant, ils avaient été très proches par maîtresse interposée. Un petit oiseau noir, chanteuse de renom et dévoreuse d'aventures, les avait eus pour amants de passage à quelques mois d'intervalle.

Ce n'est qu'au bout de deux heures de conversation qu'ils en vinrent à Simone. Après avoir raconté à Frédéric les détails de sa « mission » et l'amour réel qu'il portait à cette femme du monde, Walter insista pour que Frédéric fît le maximum pour réparer le mal fait, au nom de cette complicité nauséabonde qui les liait.

Frédéric se fit bouclier de Miguel et Francis, pas par charité humaine, mais surtout parce que les fouille-merde de rechange et de confiance se faisaient de plus en plus rares.

Il fit cependant à Walter une proposition de solution qui, sans être garantie pur succès, méritait d'être tentée.

Quelques heures plus tard Frédéric attendait qu'une voiture à cocarde le rejoigne sur le pont Mirabeau. Décidément on se demande si les ponts n'ont pas été inventés pour les seuls amateurs de rendez-vous. Celui-là eut bien lieu. L'entrevue fut courte et discrète.

L'homme du Pouvoir réfléchit un peu à la requête de Frédéric, puis lâcha un laconique : « D'accord... »

Échange de services contre échange de sévices.

Et à son retour au 8, avenue de Versailles, où Walter l'attendait, Frédéric ouvrit une bouteille de plus pour fêter le succès de sa démarche.

Walter allait pouvoir combler son amie châtelaine.

Lors du transfert prochain de Patrick à Fleury-Mérogis, une évasion éventuelle du prisonnier aurait toutes les chances de réussir. Les convoyeurs auraient des ordres de laxisme que le « secret défense » ne permettrait pas de discuter...

À Walter de tout organiser.

Walter arriva à Isatis le 8 octobre 1976... Le transfert de Patrick était prévu pour le lendemain, départ de Tulle cinq heures du matin.

Un brin de nostalgie le caressait à l'évocation d'une prison de Tulle où avaient été enfermés les généraux du putsch d'Alger, dont il avait été un des artisans de l'ombre. Il passa la soirée au château, en compagnie de quelques hommes de main chargés du rapatriement sur Paris de l'évadé.

« Il est hors de question qu'il traînât pour l'instant dans la région », précisa Walter à Simone.

Cet imparfait de subjonctif non approprié fit sourire Simone.

Olivier ferait partie du convoi pour rassurer Patrick,

innocent de ce qui se préparait, afin qu'au moment de l'attaque il n'ait pas d'hésitation qui pourrait les retarder.

Car tout était réglé. L'assaut. Le camion frigorifique dans lequel Patrick serait transporté. Même les blessures légères des gardiens, auxquelles Walter s'était engagé, en échange de complicités de tous ordres. Seuls Simone et Olivier devaient être au courant. On préviendrait Dédée et Marie après, une fois le coup réussi.

Olivier, ce soir-là, ne proposa pas de duel d'honneur à celui qui venait empiéter sur ses terres d'orgasme, les cent vingt kilos de Walter et ses caisses de munitions, ayant plus fait pour sa compréhension que n'importe quel discours de partage raisonnable.

Il naquit même entre eux une amitié scellée à la « vieille prune » qui empiéta sur leurs heures de sommeil.

Walter, qui souffrait d'insuffisance cardiaque, dut faire appel à un médecin au cours de la soirée. Ce fut le médecin remplaçant de Martin Bergman qui vint faire une piqûre.

Preuve encore que le Hasard à double face, s'il se déchaîne parfois, a aussi ses plages de repos, où il oublie quelques touches essentielles au tableau léché qu'il peint.

Élève travailleur mais distrait. Peut mieux faire... ou pire !

L'attaque eut lieu à 6 h 15 le 9 octobre 1976. Tout se passa comme prévu, si ce n'est que Patrick eut le pouce écrasé dans l'opération.

De faux travaux avaient bloqué la départementale. L'embuscade fit du côté des convoyeurs un blessé léger au pied. Patrick s'était vu happé hors de la fourgonnette par deux hommes en cagoule, dont l'un lui avait glissé à l'oreille en le précipitant dans le sous-bois voisin. « C'est Olive, t'occupe de rien et cours ! »

Ils rejoignirent une autre route en contrebas à environ huit cents mètres où ronflait le moteur d'un camion frigo, dans lequel Patrick fut précipité. Les portes se refermèrent si violemment qu'il n'eut pas le temps de retirer sa main.

Le camion démarra. Son pouce le faisait atrocement souffrir mais son cœur était tellement plein d'espoir que cette douleur lui semblait bien dérisoire.

Camille buvait son café lorsque la radio ronronnante le fit sursauter. Il était 7 h 30, et l'évasion de Patrick commençait à envahir les ondes.

« Par une bande armée très organisée, qui selon les gendarmes avait parfaitement réglé les détails de l'évasion, ainsi donc Patrick Boutot, condamné à dix ans de prison ferme, est-il en ce moment quelque part dans la nature, et toutes les polices... »

Camille n'entendit pas la suite. Il s'était précipité vers la chambre où Dédée dormait seule depuis la veille, au retour d'une cure de quelques jours qui l'avait vraiment reposée.

Il entra en trombe.

« Il s'est éva... »

La chambre était vide... Pourtant, il y avait dix minutes encore, il était passé voir si tout allait bien. Et tout allait bien.

Alors le flash lui revint de ses yeux calmes quelques instants plus tôt. À la fois déterminés et profonds, ils lui rappelaient quelque chose. Il comprit d'un coup. Presque le même regard que le soir du drame. Avec cette fois la certitude que ce n'était pas à elle qu'elle avait l'intention de faire du mal, mais à Léon.

Comme ces chevaux dans les yeux desquels il lisait la ruade à venir. Aurait-il le temps d'éviter le coup de sabot ? Il jeta vite un regard par la fenêtre. La voiture n'était plus là. Il se précipita au-dehors puis monta dans la sienne. Elle avait quoi ? Cinq, dix minutes d'avance. Tout en conduisant, il retourna la couverture qui était sur le siège arrière. Le fusil n'y était plus.

Il avait laissé sa voiture ouverte cette nuit-là, mais heureusement qu'il en avait ôté les clés ! Sinon le temps de chercher une autre voiture...

Il savait où elle était partie. Il savait aussi qu'il n'y aurait pas de sommations. S'il arrivait à temps, ça se jouerait à la seconde.

Dédée roulait vite, très vite. Sa rage était froide, bien pesée. Ça l'avait prise à sept heures et quart, d'un coup. En éclair.

Le temps d'aller à Vayrac. Une demi-heure de virages, et à huit heures moins le quart Léon Leblanc ouvrirait sa pharmacie pour la dernière fois.

Elle caressait comme pour se rassurer le bois dur de la crosse du fusil posé sur le siège voisin. À la place du mort !

Elle arriva sur la place de Vayrac à huit heures moins vingt, et gara sa voiture sur le trottoir face à la pharmacie.

La 2 CV de Léon Leblanc s'arrêta au stop à deux cents mètres de la grand-place où se trouvait son officine. Il cala, essaya plusieurs fois de remettre le contact et faillit abandonner son véhicule, pour monter à pied la longue rue en pente.

Camille n'était qu'à un kilomètre de Vayrac.

La voiture de Léon démarra à la dernière tentative qu'il s'était accordée, remonta péniblement la rue et vint se garer devant la pharmacie. Il ne remarqua pas la voiture de Dédée sur le trottoir d'en face.

Au moment où il sortait de l'auto, Dédée sortit le fusil par la vitre ouverte et épaula...

Soudain un enfant qui transportait des bouteilles de vin s'affala sur le trottoir juste devant Léon. Celui-ci aida le petit à se relever.

Dédée avait rentré son fusil. La présence intempestive de ce gosse avait mis Léon en sursis.

Le pharmacien examina le gamin pour déceler une éventuelle blessure qui l'aurait conduit à le badigeonner de quelques gouttes de Mercurochrome qu'il aurait ensuite facturées aux parents au prix du flacon. Mais l'enfant n'avait rien.

Il partit en courant. Léon était seul sur le trottoir, pleine cible. Dédée ressortit le fusil.

Alors qu'elle allait appuyer sur la détente, un ventre essoufflé vint se coller contre le canon. Elle leva les yeux. Camille était là. Il la regarda calmement et détourna l'arme.

« Laisse, il s'est évadé ce matin. »

Les cinq heures du voyage parurent une éternité à Patrick. Il ne savait pas où on l'amenait mais il savait qu'il était libre. On l'avait propulsé dans le camion sans l'informer de la destination. Il imaginait un coin de campagne retiré. Mais plus le temps passait, plus il pensait à une frontière. Espagne ? Italie ? Ou peut-être tout simplement Paris. Si c'était le cas, il souriait au souvenir de son départ en train pour le strass et les spots.

Le chauffeur des transports Madrias fit sa livraison comme prévu à Paris...

La température avoisinant le zéro avait blanchi la triple couche d'habits chauds que Patrick avait enfilée, une fois dans le camion pour son premier voyage en liberté.

Et c'est couvert de paillettes qu'il posa le pied dans la capitale.

Quelques heures plus tard, il dégustait son premier couscous libre dans l'arrière-salle d'un restaurant de Pigalle.

Ce soir-là, à Isatis, la cuisine de deuil de la semaine précédente résonnait enfin de quelques rires. Mousseux. Le champagne des petites victoires. Simone avait assuré à Dédée que de toute façon Patrick ne retournerait jamais en prison. Walter le cacherait quelque temps à Paris. Puis elle mettrait à sa disposition ce vieux manoir de famille abandonné dans la région du Connemara. Dédée avança : « Il a toujours rêvé de l'Italie. »

Simone la reprit en souriant : « L'Irlande, Dédée, l'Irlande. Ça ressemble à ici. Il faudra être prudent mais, d'ici quelque temps, deux heures d'avion et hop ! Pas plus que d'ici à Châteauroux. »

Et Marie qui avait les cheveux couleur des landes d'automne se mit en secret à prier saint Patrick, le patron des Irlandais.

Elle serait professeur de français. Ils auraient un enfant, une fille. Et lui passerait son temps aux prés et aux oiseaux et à écrire peut-être.

Elle se mit au piano et pour une fois ne joua pas de classique. Ses doigts caressèrent *La Maladie d'amour* de Michel Sardou.

Ah oui, et puis une fois en Irlande elle composerait de jolies chansons sur la région. À la manière de Sardou, pourquoi pas ?

14

Ingrid

Walter regardait Patrick s'empiffrer. Premier soir de vraie bouffe. À la fin du repas il lui proposa : « Cigare ? »

Et Patrick accepta, alors que jusqu'à présent il en détestait l'odeur. Comme on accepte la première cigarette pour montrer qu'on est un homme.

C'est ce qu'il se croyait dorénavant. Un dur. Un an de placard dont il ne se souvenait pas, mais un an quand même. Une évasion qu'il avait subie, mais évasion quand même.

Il en est souvent ainsi des hommes qui se croient Bayard au moindre service militaire ou Casanova au sortir facile de deux aventures dans une seule journée.

Pinocchio pitoyables, ils oublient qu'ils ne sont que de bois.

Regardez les pantins, à la porte du même nom, un samedi soir de frime... Ils enquillent, Indianapolis, le périph à 200. Puis ils vont jouer Rambo dans des discos sans Viets, suant la mauvaise bière, rotant de mauvaises frites. Puis le dernier tango à Paris, margarine, sur la banquette rance, cloués dans des Nadine en Dim filés. Ils se bastonnent un peu, pour pas rentrer à vide, avec quelque bourgeois descendant sa poubelle ou rentrant sa femme. Pareil. Puis ils reprennent le périph à l'envers et vont dormir *chez seul*, là-bas où ils habitent.

Ils se sont crus héros, ils ont violé la nuit, la loi, le silence et le temps.

Et si les vrais héros ne se battaient jamais ? Le sourire en armure et des pantoufles aux pneus. Aimant le vent, les mots, le silence, la pluie, les rimes, Vivaldi, même la pauvreté, quand elle n'est que l'excuse de se serrer plus fort pour ne pas avoir froid. Pas de rêve de diamants, ni d'être le plus fort, le plus intelligent. Respirer, se contenter de ça et se contenter de soi.

Ça y était, Paris, cigare, une odeur de hors-la-loi, et Patrick se mentait.

Walter, vrai salaud, écoutait Patrick, caïd en Skaï, parler de l'avenir, rancœur au ventre. D'une guerre qu'il voulait déclarer à la société, cette fois, armes à la main. Cerveau tatoué et volonté farouche, maintenant qu'il était recherché par toutes les polices de France, de se faire du poulet ketchup, au 6,35.

Walter souriait. Il savait, et c'était sa force de reconnaître les transis, fausses pierres qui s'effritent à la première grêle.

Il dit à Patrick en souriant : « Alors comme ça, tu veux jouer au cow-boy ? »

Patrick prit son air le plus dur. Le masque des jours de grand match.

« Pas cow-boy, Walter, assassin d'ordures... ça porte des képis, des robes à bavette, ça écrit avec des stylos que je veux leur éclater dans le cul... Flics, avocats, journaleux, je veux en crever un max. Ils m'ont foutu de l'autre côté de la barrière, j'avais pas demandé à y être, maintenant, j'y reste ! »

Walter caressa sa balafre, en murmurant : « Tu crois vraiment que t'es fait pour ça ?

– T'as qu'à me tester », répondit Patrick, sûr de lui.

Walter sourit, se leva et fit signe à Patrick de le suivre.

Pigalle était Pigalle. Nuit bleu néon, sur trottoirs d'hommes cherchant chandelles.

Ils remontèrent la rue André-Antoine pour entrer dans un bar de nuit.

Elles étaient là, habillées de court et de pénombre, se lovant à des adipeux échappés d'un Salon de l'agriculture ou à des chétifs du village en escapade de ranch. Campagnards en goguette, escroqués au champagne renforcé Perrier, ils sortaient des liasses de baratin inutile à des banques du sperme en jarretelles.

La taulière, choucroute dégarnie en cheveux et rouge à lèvres bavard, lança à Walter : « Un client ? »

Walter répondit sur fond de musique soûle : « Non, un ami. Dis à Juliette que je l'attends derrière. »

Patrick parlait tout seul.

« Client, c'est dans la boutique au marchand de bouteilles pour Mémé qui a soif et il faut pas les casser. »

Walter se retourna.

« Qu'est-ce que tu marmonnes ? »

Patrick eut l'air étonné.

« Rien, j'ai rien dit. Excuse-moi, j'ai eu comme un vertige, la fatigue sans doute. »

Walter ne répondit rien et lui fit signe de le suivre, en pensant que « si madame avait déjà ses vapeurs, il allait falloir la bassine à dégueuler pour la suite ».

Mais Walter était comme ça. Il n'expliquait pas, il démontrait.

Une sorte de vague cour se terminait par une petite impasse de deux mètres sans voisinage.

Juliette arriva, talons trop hauts et démarche bancale.

« Tu voulais me voir, y a urgence ? »

Walter répondit en allumant son cigare : « Non, y avait pas ; ça aurait pu attendre, mais le magasin est ouvert pour cause de démonstration. »

Elle ricana.

« Faut que je montre mes talents au gosse ? fit-elle en désignant Patrick.

– Non, répondit Walter, c'est moi qui instruis. »

Juliette ouvrit de grands yeux ahuris, et Walter lui assena une gifle énorme. Elle roula par terre et Walter lui écrasa la figure du pied en disant : « Faut pas doubler papa. Ça fait un mois que tu me prends pour un con. Comme ils disent rue de Rivoli, t'as oublié de déclarer une partie de tes revenus. »

Il tourna la semelle en appuyant et en écrasant la tête de l'autre côté.

« Alors je touche pas aux dents, t'en as besoin. Les seins, les cannes pareil... Mais en réfléchissant bien, une pute avec des lunettes noires ça peut toujours faire la pute. »

Et il écrasa son cigare dans l'œil gauche de Juliette. Elle poussa un hurlement terrible.

Puis il se tourna vers Patrick dont la pâleur se voyait même dans la pénombre.

« Vite, on se casse. »

Après un slalom de ruelles en arrière-salles de bars où des joueurs clandestins les regardaient passer sans le moindre signe d'étonnement, ils se retrouvèrent dans le restaurant de Walter.

Patrick était chancelant et muet. Walter passa derrière le bar.

« Un remontant, gamin ? »

Patrick fit oui de la tête, et Walter s'installa face à lui en lui tendant un verre de rhum.

« La boisson des condamnés à mort, ça te dit, une avance ? »

Patrick avait compris la leçon... Il vida péniblement le verre et dit faiblement : « J'ai compris... C'est pas pour moi... C'est terrible. »

Walter ajouta : « Surtout que celle-là, elle a toujours été réglo, jamais d'arnaque. »

Patrick se détourna pour vomir.

Et c'est ainsi que Walter eut le sentiment d'avoir fait une bonne action en dégoûtant Patrick. On est le scout qu'on peut !

La chambre provisoire de Patrick était minuscule et sale.

« Question de sécurité, fit Walter, demain je te mets chez Ingrid. Jolie mais pas touche. C'est pas moi qui veux pas, c'est elle. »

Comme il lisait dans les yeux de Patrick une incompréhension bien naturelle après la démonstration d'autorité sur Juliette, Walter ajouta : « Ancienne élève des beaux-arts, débauchée par l'appât du gain. Eh oui, aujourd'hui y a moins d'avenir dans le Van Gogh que dans le faux faf. »

Nouvelle incompréhension.

« Faf : papier. Allez dors bien, gamin. »

Ignoble et audiardesque. Patrick oscillait entre la sympathie et le dégoût.

Il repensait à « Tonton » son prof de philo hors la loi des années bac, qui lui avait conseillé de lâcher Kant et Spinoza pour des émotions sur le tas. Alors c'était ça la vie de Maurice Chevalier ?

Puis ses pensées partirent vers la Corrèze rousse et or, et Marie pareille. Là, il se sentit bien. Il était lui. On ne se refait pas, et plus il y pensait, plus il se disait que, même s'il pouvait, il se referait pareil. Et il s'endormit. Ou il eut un vertige peut-être.

L'appartement d'Ingrid, à Boulogne, donnait sur les courts de Roland-Garros. Walter y déposa Patrick vers onze heures du matin. Elle ouvrit, souriante.

Ingrid ne faisait pas Ingrid. Brune à la peau mate, elle était shaker. Hispano-Portugo-Mexico-Germano-Toulousaine, et j'en oublie, elle était en plus très bien secouée.

C'était une fille des villes, bijoux mode et habits griffés. La trentaine, bien vécue mais sans trace, elle régnait sur son vaste duplex-atelier en maîtresse femme.

Aucune trace d'homme...

Le contact fut très familier, et c'est elle qui prépara le déjeuner pendant que, sur son invitation, Patrick, qu'elle savait sûr, visitait sa cave au trésor, cachée derrière deux faux murs.

Un amas rangé de perruques, postiches et costumes pour casses divers ou cavales discrètes, emplissait toute une pièce. Dans une autre, un Photomaton, des pinceaux, des machines à écrire, des rames de papier, côtoyaient de vrais tableaux personnels aux teintes rouge et noir. Violence nuit et sang.

« Scorpion ? questionna Patrick, en se resservant un verre d'eau.

– Évidemment », répondit-elle.

Patiente, elle l'écouta se raconter pendant tout le repas en prenant des notes. Outre le travail qui consistait à lui fournir dans l'après-midi une nouvelle identité, elle s'intéressait vraiment à cet homme, qui pour une fois n'était pas un véritable voyou. Elle jubilait même à l'idée d'aider à sa manière à rectifier une erreur judiciaire.

Car Patrick, à présent, était sûr de son innocence. Il l'avait lue dans les yeux de Marie.

Au café, ils étaient amis.

« Tu voudrais quoi comme nom ? » demanda-t-elle.

Il répondit que lorsqu'il avait pris le train pour monter tenter sa chance, il s'appelait encore Patrick Boutot, mais qu'il avait prévu de changer. L'idée de prendre le prénom de son fils comme patronyme de scène l'avait tenté.

« Patrick Sébastien, fit-elle, pourquoi pas ! On va couper tes cheveux, une fausse moustache le temps que la tienne pousse, des lentilles foncées... Dommage, t'as de beaux yeux bleus. »

Et comme si elle avait précédé ses pensées, elle ajouta : « Beaux, mais qui doivent me regarder comme une amie seulement.

– Pourquoi ? fit-il en la fixant intensément.

– Parce que poison. Toi t'es un pur. T'as une Marie qui t'attend avec des arbres autour. Tu verras, c'est beau l'Irlande. Moi, je suis des villes, de la nuit, de la glissade. Plus on glisse et plus on tombe ! Le fric, la dope, la musique, la frime, une fois pris t'en sors plus. »

Il eut un sourire rêveur.

« Qui sait si j'aimerais pas. Je te rappelle que j'étais monté pour essayer. »

Elle le dévisagea un instant, réfléchit un peu puis proposa : « Si tu veux, on se fait un mix, ce soir : resto, casino, disco, une esquisse du tout-venant qui vit ce que t'aurais vécu si ça avait marché ton truc de vedette dans le show-biz. Et après tu me dis vraiment. Banco ? »

« Banco ! » lança le petit gros monsieur.

Et Patrick le vit perdre en deux secondes ce qu'il n'avait jamais espéré gagner en un an.

Avant d'aller au casino d'Enghien, ils avaient commencé la soirée dans un restaurant à la mode.

Minijupe ultra-courte, tout le monde s'était retourné sur Ingrid quand ils étaient entrés.

Patrick était comme dans un rêve. Le cheveu ras, moustache discrète et chemise ouverte, il observait d'un œil déjà critique les dîneurs pacotille qui les cernaient.

Une faune d'animaux tristes et hautains, attablés par deux ou quatre, dégustant des poissons maigres partis de Lorient au prix des arêtes et servis sur table au prix du couvert... L'allégorie marine se prolongeait. Après l'île qui était Saint-Louis, et les phares à iode, les mouettes étaient Chandon dans le seau à champagne, avec une serviette autour pour pas qu'il s'enrhume...

Qu'elle était loin, l'arrière-salle du *Turenne*, conviviale et bavarde, où tout le monde parlait à tout le monde des choses de tous les jours en les contant seulement. Ici, le peu qu'il avait saisi des bavardages des tables voisines ressemblait à des diagnostics de docteurs malades. Les spectacles, la politique, l'impôt et même le temps qu'il faisait donnaient lieu à des envolées analytiques, ponctuées d'une étonnante quantité de « moi, je », où chacun donnait l'impression de ne parler qu'à lui-même.

« Alors ? fit Ingrid, splendide et amusée.

– Rigolo, répondit Patrick. J'ai l'impression de faire de l'ethnologie en Papouasie occidentale. »

Il avait balancé ça au hasard, en riant, ignorant même si la Papouasie avait un occident intéressant. Et quelques minutes plus tard, ils surprirent des bribes de conversation de la table voisine espionne, dissertant avec ferveur sur le climat de la Papouasie et ses habitants si pittoresques.

Ce fut pour Patrick et Ingrid le départ d'un fou rire interminable, qui déclencha une foule de regards de reproche. Sourire, voire rire un peu, mais à gorge déployée, où se croyaient-ils donc, ces deux-là, casseurs de morosité douillette ?

Ingrid lui glissa entre deux rires : « Tu vois, si tu avais réussi, dans vingt ans tu aurais été comme eux. »

Patrick répondit sûr de lui : « Oh que non ! »

Et Ingrid, étrangement sérieuse soudain : « Si, Patrick, si. Crois-moi. »

Ils étaient restés au casino jusqu'à une heure du matin. Autant les clients du restaurant l'avaient fait sourire, autant cette débauche d'argent gaspillé l'avait ulcéré.

« Putain, quand on pense que pendant ce temps-là des gosses meurent de faim. »

Et les abeilles bourdonnaient autour du tapis, suant le stress, misant sur la date de naissance de leur petit dernier auquel ils bouffaient par là même une part du gâteau de cire.

Patrick s'installa au bar et entama la conversation avec un croupier sympathique. Il s'appelait Pierre. Il ressemblait un peu à la nouvelle tête qu'avait Patrick, avec vingt ans de plus. L'œil malin, il avait remarqué Ingrid.

« C'est ta fiancée ?

– Pas du tout, une amie.

– Je la fracasserais bien. »

Patrick, qui ne connaissait pas cette expression, eut tout de suite des atomes crochus avec ce moustachu sympathique qui parlait direct. Rugby, quoi. Et la conversation partit sur les filles faciles et ces boîtes d'échangistes, où Pierrot, pour les intimes, traînait sa solitude d'après casino histoire de « fracasser », comme il le disait, mais sans échange de sa part, quelques nymphomanes en mal de surnombre.

Ça, ça plaisait à Patrick. C'était rugby... Comme quoi Paris et la vie qu'il « aurait » eue n'était pas forcément le zoo pour singes tristes et gaspilleurs que lui avait fait connaître Ingrid jusqu'à présent.

Il confia à Ingrid son intention de rejoindre Pierrot après la discothèque prévue.

« Si tu veux, mais sans moi. Et puis c'est pas certain que ça te plaise non plus. »

Alors là, Patrick était sûr de lui. Lui qui ne rêvait que de ça dans son adolescence briviste. Des filles en pagaille à culbuter. Ça commençait à sentir bon Paris.

Le passage à l'Élysée-Matignon, top boîte de l'époque, le déçut presque autant que le casino. Une entrée filtrée où de jeunes minets encravatés s'époumonaient à hurler qu'ils étaient les amis d'Untel, mais qui restaient quand même en attente à l'abri des sourcils broussailleux d'un portier imposant.

Un instant, il se dit que les Untels n'étaient pas n'importe qui... Forcément, puisque leur nom célèbre faisait qu'ils n'étaient pas n'importe qui... Quelques heures plus tard il se rendait à l'évidence. Ces Untels étaient bien n'importe qui et devenir ces n'importe qui-là ne le tentait pas vraiment.

Untel mal rasé, laid et fumant, Zippo et Gitanes en main, buvait triste face à Unetelle anglaise toute en dents et en pleurs. Dispute de n'importe qui...

Untel blond star, cerné d'une cour dispendieuse de ses deniers à lui, seul à crever comme n'importe quel Jojo du *Turenne*, arrosant au pastis que celui-là laissait tomber champagne une meute de traîne-patins en admiration feinte. De plus, il fit le coup de poing bête sur un freluquet naïf, qui ne le regardait pas faire le paon... Bagarre de n'importe qui...

Unetelle, épouse *de*, les yeux bleus comme *lui*, un

peu plus peut-être en comptant les cernes... Coke et Cola... Indécente et vulgaire mais en Saint Laurent, quand la sous-elle de Brive, Pernod Gauloise, se troussait avec la même impudeur aux provocations rieuses d'une sale bande de profiteurs d'épave... Branleuse sous table de n'importe qui.

Patrick sortit de là enfumé du dedans aussi... C'était donc ça la réussite ! Bien sûr, il devait y avoir la journée, le travail. Mais franchement si c'était ça la récompense, il se demandait ce qu'était la punition.

Ils butèrent sur un clochard au pied d'un réverbère, à deux mètres de la sortie de la boîte bruyante et brillante. À l'envers gris des néons voisins, il tendait une main à mitaines. Patrick mit la main à la poche et laissa tomber un billet avec un sourire.

Ingrid sourit elle aussi.

« C'est ce que tu donnes d'habitude à un mendiant ?

– À Brive, y en a pas beaucoup, mais il m'est arrivé de filer une petite pièce, beaucoup moins. »

Ingrid enchaîna : « Elle est là la spirale... T'as donné beaucoup parce que quand il te l'a demandé, tu sortais d'un endroit où il y a beaucoup. C'est pour ça que si tu avais réussi, toi aussi tu aurais fini au casino. Parce que ce monde-là marche sur la tête. Tu te rends compte, des clodos riches ! »

Elle déposa Patrick devant la boîte où il avait rendez-vous avec Pierrot.

« Rentre à Boulogne en taxi, et fais-toi arrêter cinq

cents mètres avant. Assure-toi que t'es pas suivi. Et fais pas de conneries. »

Il regarda l'auto s'éloigner presque comme un jour de maternelle. Une peur et, plus forte, une curiosité.

Il demanda Pierrot. Le judas répondit « Connais pas ». Il se posa contre le mur et alluma une cigarette en attendant. Pendant un quart d'heure il vit défiler des couples. De longues blondes en fourrures riches au bras de quarantenaires respectables, qui sonnaient et à qui on ne demandait pas qui ils étaient.

La femme du troisième couple était d'une classe rare. Brune cette fois, les yeux d'un bleu presque transparent. S'il avait dû dessiner son idéal de femme, ç'aurait sûrement été elle. Le regard qu'elle lui jeta le rendit amoureux d'un coup. Oui, amoureux, tout bêtement. Comme Pierrot n'arrivait toujours pas, il eut le temps de lui inventer un nom : Angélique. Il la sentait visiteuse obligée, tant la sale gueule de son compagnon semblait cacher une autorité inébranlable.

S'il la lui volait ? Elle avait des yeux d'espaces, elle adorerait l'Irlande. Et si le garde-chiourme renâclait, il y avait Walter.

Il n'avait jamais croisé de femme aussi belle, même dans les magazines. La pénombre de la rue peut-être... En tout cas, elle l'avait regardé si fort, ça c'était sûr. Pas le regard des Juliette de Pigalle. Non, un vrai regard, où plus le temps passait, plus il imaginait des « au secours » d'urgence. Il lui avait déjà fait deux jumeaux et s'apprêtait à choisir les prénoms quand Pierrot arriva.

« J'espère que je ne t'ai pas fait attendre trop longtemps !

– Non, non », fit Patrick, qui aurait même attendu un peu plus, histoire de s'inventer encore des tendresses avec Angélique.

La boîte sentait le parfum lourd et l'accouplement. Pierrot le présenta à la patronne comme un provincial de Lille égaré. Tant qu'à faire, Patrick s'était inventé une origine la plus lointaine possible de la véritable.

Il eut un coup au cœur quand la conversation de ses voisins de bar démarra sur l'évasion de la veille. Il en avait presque oublié que son affaire avait fait la une des journaux. Son cœur battit plus vite quand il s'aperçut que les deux hommes qui parlaient de lui étaient deux inspecteurs de police.

« Tu veux que je te dise, ce coup-là, ça ressemble à du Walter. »

Patrick but son whisky d'un trait. L'autre enchaîna.

« Ça veut dire que le môme en était sûrement pas à son premier coup.

– Ça veut dire aussi, reprit son interlocuteur, qu'on le reverra plus. Walter, c'est du solide. »

Une brûlure lui tordait la poitrine. L'envie de leur crier : « Mais non, je ne suis pas ce que vous dites ! » En même temps leur assurance sur l'efficacité de Walter le rassurait.

Il en avait presque oublié son Angélique... Il la chercha des yeux, l'imaginant cachée dans un coin noir, genoux serrés, et le sac à main prêt pour le suivre au premier regard... Il regardait l'escalier par où il voulait l'enlever lorsque Pierrot lui glissa à l'oreille : « Les choses sérieuses, c'est pas là, c'est derrière. »

Derrière, c'était une salle encore plus sombre avec un immense lit rond où s'agitaient des corps nus.

Il ne sut pas tout de suite combien ils étaient sur elle.

Dans ce genre de pêle-mêle, le temps de compter les bras et les jambes et de diviser par quatre, et tout change !

Ses jambes à lui en furent coupées. Il avait beau se dire : « Regarde où tu es, c'est quand même normal ! », il fixait avec dégoût son Angélique hurlant sous les coups de boutoir de cinq hommes-chiens (ça y était, il les avait comptés), plus le compagnon en retrait qui se délectait du spectacle.

Pierrot sentit sa gêne.

« Ça a pas l'air de te plaire...

– Tu te rends compte, si c'était ta fille ? » répondit Patrick, les yeux toujours fixés sur « la femme de sa vie ».

« Si c'était ma fille, j'écarterais les jambes de ma femme et je la remettrais à l'intérieur. »

Ça, pensa Patrick, Olivier aurait pu le dire.

Et en repensant à Olivier il se dit que ce qu'ils prenaient là-bas « chez eux » pour des sommets de luxure, était de la bagatelle par rapport à cette pieuvre sur canapé dégoulinante d'impudeur.

Ses pensées glissèrent vers Marie. Elle lui manquait soudain. Il s'en voulait d'avoir, pendant quelques instants, oublié ses yeux d'enfant pur pour suivre le regard envoûtant d'une Shéhérhasardeuse, princesse des mille et une bites.

Il se détourna et retourna au bar commander un taxi.

Les deux inspecteurs le dévisageaient. L'un d'eux le fixa longuement.

« Tu me fais penser à quelqu'un...

– Ah bon ? » fit Patrick en avalant sa salive.

L'inspecteur sourit.

« À moi, quand j'avais ton âge, la première fois que j'ai mis les pieds dans ce foutoir... On se croit blindé et puis pas tant, hein, môme ? T'inquiète pas, la deuxième fois c'est déjà mieux ! »

Quand Patrick rentra à Boulogne, Ingrid ne dormait pas, elle peignait. Un ciel gris-blanc et un rayon de soleil qui transperçait les nuages.

Sans se détourner de son œuvre elle récita presque : « Il a flashé sur une inconnue. Belle et si pure ! On se demande souvent ce qu'elles font dans des endroits pareils. Et puis il a eu un immense dégoût d'elle, et presque de lui. »

Il ouvrit de grands yeux étonnés. Elle posa ses pinceaux et se retourna.

« L'expérience, bonhomme. Crois-moi... T'es vraiment pas fait pour ça. »

Pas fait pour ça. C'était le seul bilan qu'il pouvait tirer de ces deux jours.

Il ne savait pas que sainte Simone avait veillé sur lui.

Ingrid n'avait pas d'expérience, mais Pierrot, son ami complice dès le casino, lui avait fait le compte rendu par téléphone. Quant à Juliette, la gifle avait bien été réelle, mais Walter l'habile avait pris soin de retourner le cigare au dernier moment. Leur numéro était très au point et servait d'habitude à impressionner les futurs associés de Walter.

Simone avait été très claire : « Arrangez-vous pour qu'il n'ait aucune envie de rester dans ce milieu, il n'est pas fait pour ça. »

Ingrid rangea ses pinceaux.

« À propos, le départ pour l'Irlande, c'est dans quatre jours. Tu veux dire au revoir à la famille avant de partir ?

– C'est possible ? interrogea Patrick, imaginant Isatis archi-surveillé.

– Risqué, jubila Ingrid, mais un “ top ” à tenter. Si ça réussit on appellera ça “ le Grand Bluff ”. »

Ingrid n'avait pas voulu en dire plus. Tout ce que Patrick remarqua, ce furent quelques mots écrits près du téléphone : « Olivier, demain quatorze heures. »

Il ne s'endormit pas tout de suite. Il repensait à ce Paris express survolé en deux jours.

Bien sûr, il n'avait visité ni les musées ni les monuments. Il avait à peine aperçu la tour Eiffel. Mais, s'il n'avait pas sauté du train, ses nuits ne l'auraient sûrement pas conduit au Louvre.

Il fit encore cette nuit-là des rêves d'oiseaux. Mais pas d'aigles cette fois : des fous de Bassan, des macareux... Il se dit au réveil que c'était des souvenirs de sa période « représentant en encyclopédies », juste avant qu'il ne décide de prendre le train.

Il ne savait pas que dans le sud-ouest de l'Irlande, en face du comté de Kerry, les oiseaux l'attendaient. On lui aurait dit « Skelligs Rocks », il aurait tout de suite pensé groupe de musiciens à cheveux longs. Il ignorait que c'étaient des îles merveilleuses où son âme allait bientôt accoster.

Une projection et une réminiscence, puisque maintenant c'était certain, NOUS VIVONS NOS VIES PLUSIEURS FOIS DANS LA MÊME !

15

Waterville

Martine avait habillé Sébastien « comme un dimanche ». Elle avait pris la précaution de ne pas lui dire : « On va voir papa » pour que le bavardage de ses six ans n'éveille pas l'attention. Il demandait souvent où était ce papa dont sa petite mémoire avait oublié que pendant ses trois premières années il était là tous les soirs. Martine, robot de tendresse, faisait office de tout. Décidément, Patrick ne ferait jamais les choses comme les autres. Il revenait pour dire adieu.

Dédée, ce matin-là, avait fouillé les vieux tiroirs pour fabriquer à Patrick un lot de photos jaunies à emporter.

Lui, petit bien sûr, crevette de terre, et son regard impressionné à la main d'un Père Noël des rues, un après-midi de décembre dans une rue de Brive. Lui et sa grand-mère équeutant des haricots verts, au soleil d'un été 61 ou 62 peut-être. Lui et elle au bord de leur première mer, la Manche. Dieppe, où elle l'avait tenu de force tant il avait peur des vagues.

Et de photos floues au rebord timbre en portraits retouchés de premier communiant, elle se rendit compte qu'il n'y avait près de lui que des femmes, ou personne...

Bien sûr, il y avait un Père Noël mensonge ou dieu en cierge, c'est-à-dire personne.

Marie, elle, était peut-être la plus impatiente. Elle n'avait pas dormi, écrivant et écrivant encore la suite du cahier rouge. Elle l'avait lu cent fois et s'était décidée à lui répondre.

Elle avait couvert les cinquante pages vierges de son amour à elle. Elle lui écrivait au pluriel, à lui et à celui qui avait écrit les premières pages.

L'un lui avait déjà fait l'amour, il lui tardait tant de le faire avec l'autre. Elle avait remarqué que, lorsqu'on disait d'une femme qu'elle était « enceinte de », le « de » pouvait désigner le père ou l'enfant.

C'était pratique, son âme était enceinte des deux. L'enfant fou et le nouveau Patrick qui la protégerait, lui, c'était sûr. Le « de » s'appliquant aussi à la période de gestation, elle décida qu'elle était enceinte de toujours.

L'arrivée soudaine à Isatis de Dédée, Camille, Martine et son fils ce jour-là avait mis les inspecteurs qui surveillaient l'entrée en effervescence.

Dès l'évasion connue, deux voitures de flics en civil s'étaient installées à une vingtaine de mètres de l'entrée, et des gendarmes discrets rôdaient dans les sous-bois, sans grand espoir, mais on ne savait jamais...

Au bout de deux jours, les gendarmes étaient partis, laissant juste les inspecteurs en planque.

Léon, en apprenant ça, avait d'ailleurs pesté contre ces salauds de gendarmes jamais là quand on a besoin d'eux, et qu'en plus ils étaient payés avec ses impôts, etc. Il avait convaincu ses amis chasseurs de faire le guet. Il était persuadé que Patrick reviendrait.

Ce soir-là, il surveillait lui-même la grille du château quand il vit arriver au loin la voiture d'Olivier.

La voiture stoppa devant lui et Olivier baissa la vitre.

« Tu vas attraper froid, connard.

– T'as de la chance qu'il y ait des flics plus haut, sinon je t'aurais plombé », répondit Léon.

Olivier coupa le moteur.

« Tu veux pas aller me chercher du sirop, j'ai une trachéite. »

Léon s'énerva.

« Te fous pas de moi, sinon ça va tomber. »

Olivier sortit de la voiture et s'arrangea pour gesticuler assez pour que les inspecteurs s'aperçoivent de l'incident. Il hurla de sa voix enrouée : « Maintenant pose ton fusil si t'es un homme, et viens, je vais te l'éclater, moi, ta gueule de con. »

Léon savait bien que, sans fusil, c'était la correction assurée. Olivier avançait menaçant.

Et il se produisit ce qu'Olivier attendait. La peur fit tirer à Léon un coup de feu en l'air.

Les inspecteurs se précipitèrent. Olivier fit son grand numéro de couard.

« Il est fou ce type, il m'a braqué. Il m'a forcé à descendre de la voiture et il m'a tiré dessus. Regardez ! »

Et il montra du sang sur son bras.

Léon était en rage.

« Mais c'est faux, j'ai tiré en l'air. »

Les inspecteurs s'inquiétèrent d'Olivier.

« Ça va ?

– C'est rien, fit-il, “ courageux ”, une égratignure, mais à dix centimètres près il me flinguait... Vous inquiétez pas, je vais soigner ça. Mais arrêtez-moi ce dingue. »

Léon eut beau protester, un des deux inspecteurs l'embarqua.

« Vous voulez porter plainte ? » fit l'autre.

Olivier attendit que Léon se soit éloigné et dit, magnanime : « Non c'est rien, mais foutez-lui la trouille, c'est un malade, ce mec.

– Comptez sur moi, monsieur Guillot », fit l'inspecteur, qui en quelques jours s'était familiarisé avec l'identité des habitués du château.

Et Olivier, éclatant d'un énorme rire intérieur, passa les grilles d'Isatis.

Enfin ! ...DEPUIS PLUS D'UN AN QU'IL ATTENDAIT ÇA !

À la même heure, Olivier Guillot, *le vrai*, dînait en toute intimité avec Ingrid.

Il avait quitté Brive la veille en voiture pour se rendre à Boulogne. Les inspecteurs des R.G. qui le filaient, en tant qu'« intime de l'évadé », l'avaient suivi jusqu'à Paris.

Arrivés à Boulogne, ils l'avaient vu entrer dans un immeuble de l'avenue d'Auteuil et il n'en était pas ressorti.

En fait, par un subtil jeu de caves et de jardins, il avait rejoint le duplex d'Ingrid.

Et le lendemain matin, les mêmes hommes des R.G. avaient vu sortir Olivier, *le faux*, qu'ils venaient de filer jusqu'à Isatis.

Grâce au talent de maquilleuse d'Ingrid, Patrick était devenu un « Olivier » si ressemblant que tout le monde s'était fait prendre.

La préparation du coup avait commencé à quatre heures du matin. Postiche, perruque noire légèrement bouclée courte, grosse moustache et rembourrage ventral. Lentilles de vue marron. Un peu de pâte dentaire trempée dans de la poudre de fond de teint pour prothéser un nez plus épaté, Ingrid avait fait un travail formidable. Quant à la voix, Patrick n'avait eu aucun mal à prendre les intonations qu'il connaissait si bien et que d'ailleurs il imitait depuis fort longtemps.

Le sosie était parfait, et dans leur enthousiasme les deux copains durent se résigner à ne pas prendre de photo souvenir dangereuse.

L'idée du faux sang sur la manche arrachée était venue à Patrick en apprenant par Olivier que Léon montait la garde presque jour et nuit devant le château. Le panache !

Et, Cyrano et Christian à la fois, Patrick « Olivier » s'arrêtait à présent devant le perron, devinant aux fenêtres cachées des yeux qui, pour une fois, ne lui voulaient que du bien.

Sa Roxane aux aguets vit s'encadrer dans l'entrée l'homme qu'elle aimait avec le visage d'un autre. Elle se jeta dans ses bras et le serra de toute son âme.

Tous les autres, en recul, la larme à l'œil, laissèrent ce moment d'exception dans un silence rempli de frissons fabuleux.

Elle se recula un peu pour mieux lui regarder la passion. Elle ne faisait aucun effort pour le voir *lui*...

À ce moment-là, à Paris, *lui*, Olivier, dit en regardant sa montre : « Quand je pense que je suis en train de vivre un moment exceptionnel, ça me fait quand même drôle de pas y être. »

Puis il regarda Ingrid plus profondément et murmura : « Peut-être qu'on peut vivre deux moments exceptionnels à la fois. »

Ingrid ne répondit pas et lui resservit un verre.

Il ne la connaissait pas, sinon il aurait su que chaque fois qu'un silence de sa part suivait une proposition qui lui était faite, il était synonyme d'acquiescement.

Il était deux heures du matin. Olivier faisait l'amour à Ingrid et « Olivier » faisait l'amour à Marie.

Il ne fallait surtout pas toucher au maquillage pour pouvoir repartir le lendemain.

Après l'amour, Olivier s'endormit dans le lit d'Ingrid.

Après l'amour, « Olivier » parla toute la nuit avec Marie...

Et Marie écoutait ces mots de voyage, de vie au grand air, en bord d'Atlantique là-bas un peu plus bas que le Connemara. Simone ne s'était trompée que de deux cents kilomètres. Là-bas où la mer est turquoise et où il y a des palmiers.

« Des palmiers ? » fit Patrick étonné.

Oui, des palmiers. Elle avait lu toute la documentation sur Waterville, cette petite ville de cinq cents habitants, à une dizaine de kilomètres de laquelle se dressait le manoir abandonné du grand-père de Simone, qu'ils auraient la vie pour restaurer.

Ils se promenèrent toute la nuit sur les longues plages de galets.

Ils devinrent amis avec les phoques et les dauphins...

Ils suivirent les saumons qui viennent de la mer pour aller pondre leurs petits émigrants là-haut au bout du lac.

Ils fleurirent de mille rhododendrons la demeure d'O'Connell, le libérateur.

Ils gravirent ensemble, main dans la main, les 525 marches du monastère de l'île.

En une nuit ils firent trente mille fois l'amour de toutes les nuits qu'ils avaient décidé d'illuminer jusqu'après leurs cent ans.

Ils dessinèrent sur la couverture du cahier rouge le

visage de l'enfant qu'ils feraient. Un seul, une fille. Ils l'appelleraient Isatis en souvenir d'ici. Elle aurait les cheveux roux et or, les yeux bleus et une petit tache rouge comme le cahier, sur la peau, au niveau du cœur. Elle serait vive, belle et câline. Elle apprendrait le langage des fleurs et des dauphins, et ils la laisseraient parcourir le monde dès ses seize ans parce que les enfants, c'est fait pour s'envoler...

Quand ils s'endormirent, Isatis fleurissait leur tombe qu'ils avaient rejointe ensemble après quatre-vingts années de bonheur total.

À l'heure du départ, le lendemain, Dédée eut encore des larmes plein les yeux. Elle n'irait jamais en Irlande, c'était trop dangereux pour leur bonheur. Patrick promit de revenir souvent, déguisé en représentant, en ami de passage, en curé même s'il le fallait, ce qui lui arracha un faible sourire. Elle l'embrassa sur les yeux, comme au moment de dormir quand il était petit.

Martine se contenta d'un au revoir, simple comme elle, en avançant leur enfant.

Patrick souleva son fils dans ses bras et là c'est lui qui sentit glisser une larme. Il lui parla comme à un homme.

« Dès que tu as vingt ans, je t'attends, grandis vite ! »

Simone avait mis une digue à ses yeux, mais les larmes étaient dans sa voix. Elle emballa son émotion dans du pratique et lui tendit un paquet.

« Là-dedans il y a tout, les clés, les papiers. Tu es un

ami de la famille à qui nous avons confié le soin de retaper le manoir en y vivant tant qu'il le souhaite. Ton avion part demain. Marie te rejoindra dans un mois dès qu'elle sera majeure. C'est Walter qui l'emmènera dans l'avion privé de Frédéric, un ami à lui. Il faut qu'elle évite les vols réguliers. Elle atterrira à Cork le 14 novembre, le jour de tes vingt-trois ans. Bon anniversaire. Je t'ai mis de l'argent aussi... Un peu, enfin suffisamment pour voir venir. »

Angèle attendit que Simone ait fini d'étreindre Patrick et elle l'embrassa à son tour.

Sa main se colla à la sienne et quand il la retira il y avait une fortune plus grande que tout l'argent de Simone. Une pièce de un franc porte-bonheur.

Il regarda tout le monde une dernière fois, puis sortit sur le perron.

Avant de rentrer dans l'auto, il respira encore les pierres du château. Il fit quelques mètres dans le parc, embrassa un arbre puis ramassa une poignée de sa terre qu'il mit dans sa poche.

Lorsque l'avion quitta la piste, Patrick Sébastien, homme libre, regarda s'éloigner son pays sans émotion...

Lorsque l'avion atterrit en Irlande, Patrick Sébastien, homme libre, savait que le vrai bonheur était là-bas au bout des brumes.

Lorsque l'avion privé qui transportait Marie quitta la piste, elle eut la sensation du bonheur le plus absolu qui puisse exister sur cette terre.

Lorsque l'avion privé qui transportait Marie s'écrasa en mer, Dieu se dit qu'il avait enfin puni ces deux salauds de Walter et Frédéric...

Lorsque Patrick, le télégramme dans une main et une poignée de terre dans l'autre, s'envola du haut de la falaise, il poussa le cri de douleur le plus violent que l'Irlande ait entendu.

Lorsque Patrick s'écrasa sur les rochers, les nuages laissèrent passer un rayon de soleil. On appelle ça, là-bas, « le doigt de Dieu »...

16

Patrick

J'ai juste ouvert la vitre du train pour sentir une dernière fois l'odeur de mon pays. Puis je l'ai refermée parce que la dame au roman avait froid. Quatre heures plus tard je débarquais à Paris. Septembre 1974... Ce fut le début de vingt ans de carrière qui méritent quelques comptes rendus d'anecdotes mais sûrement pas un roman.

Je suis à Martel, ma tanière. Nous sommes le 27 décembre 1996... Froid, très froid dehors, et chaud, très chaud dedans...

Le Macintosh m'a apprivoisé. Je n'ai jamais repris le cahier à carreaux.

En relisant le roman je passe en revue tous les Hasards qui s'y entrechoquent : Piaf, les réverbères, les volets roulants, le 15 juillet bien sûr et tant d'autres.

Je repense à ma visite il y a quelques jours au château de Coutinard qui existe vraiment.

J'ai débarqué en plein repas de 25 décembre... À

quatre heures de l'après-midi... Les Continsouzas en étaient au poisson... Famille, comme devraient l'être toutes les familles, ils cultivent l'art d'être plusieurs et de s'aimer avec un raffinement de vieux Corréziens de souche. Souche prenant ici la plénitude de son sens, tant l'arbre de famille est indéracinable.

Cela m'avait fait tout drôle de pénétrer dans l'allée de ce petit château que mon imagination avait pris pour modèle dans le roman, et où je ne m'étais pas rendu depuis que j'écrivais.

J'appris d'ailleurs à mes vieux amis les propriétaires, que c'était Coutinard, rebaptisé Isatis, qui servait de « lieu du drame » à mon roman fantasmatique...

La mère me demanda ce que signifiait Isatis. Je lui expliquai que c'était le nom d'un renard que l'on trouve dans les régions froides et dans les mots croisés. Argenté, le renard...

« C'est drôle, fit-elle, un peu comme celui de l'entrée. »

Moi qui venais à Coutinard depuis des années, je n'avais jamais remarqué de renard dans l'entrée.

Et en m'y rendant, je découvris, accroché haut face à l'entrée, un tableau représentant un superbe renard dont la queue légèrement argentée me donna un drôle de frisson !

À ce moment-là, le père sortit de la bibliothèque, un livre à la main.

« Il y a déjà eu un livre écrit sur Coutinard », me dit Jacquot.

Et il me tendit un roman signé Manoël Lamotte intitulé *La Dame de Coutinard*... Il me raconta l'histoire de son écriture. Son auteur, en mal d'amour, s'était retiré au château pour écrire. Imagination en panne, il avait croisé dans l'escalier le portrait d'une femme rousse dont il avait voulu savoir l'histoire.

J'ouvris ce roman aux pages encore collées, et je lus à la première page.

« Dans ma chambre de Coutinard, où parvient assoupie la rumeur de la campagne et des trains qui passent emportant avec eux des morceaux de paysages fuyants, je quête avidement l'image ou le souvenir d'une jeunesse perdue... Et si proche, comme le signe ou la promesse d'une halte dans ce morne cheminement. »

Fini d'écrire le 31 décembre 1965.

Il y a une semaine encore, alors que mon écriture baguenaudait depuis longtemps dans les couloirs et les allées du château, je ne connaissais pas l'existence de ce livre.

Nous bavardâmes encore avec Jacquot, sa femme et ses fils du sujet de mon livre. Je leur parlai du Hasard et leur expliquai que j'avais fait d'une des chambres à l'étage le cadre d'un drame que j'avais daté, parallèle avec la mort de mon fils, du 15 juillet à 5 heures...

On me dira ce qu'on voudra, mais après des années d'alcool j'estime aujourd'hui ma sobriété à toute épreuve. Sinon, comment aurais-je pu refuser l'aimable verre de vin, après que la mère m'eut révélé que – tiens, quel Hasard ! – la grand-mère était morte au château, un 15 juillet.

À 5 heures.

Je quittai donc Coutinard « Isatis », à la fois bouleversé et réconforté, en me disant qu'à la prochaine visite, une fois ce livre terminé, je partirais à la chasse de nouvelles coïncidences qui, j'en suis certain, finiraient par me surprendre de plus en moins.

Surpris, j'avais déjà eu l'occasion de l'être quelques jours auparavant.

Samedi dernier exactement, le 21 décembre, quand un peintre m'avait offert un tableau, à l'occasion d'un repas au restaurant que tient maman Dédée.

Ce peintre inconnu ne savait pas que j'écrivais un roman, et pouvait encore moins en soupçonner le contenu.

Il avait fait ce tableau en pensant à moi... Je l'ai sous les yeux.

Baroque, il représente une chambre verte, meublée d'un lit à baldaquin, dont le tapis est un terrain de rugby, vert bien sûr... Sur le mur, un bout de corde et les jambes de quelqu'un qui s'évade.

Et puis, par terre, au bord du terrain de rugby, un train et ses rails miniatures, à côté d'une toupie d'enfant.

En retournant le tableau, on peut lire, tracé au crayon à papier sur le bois du cadre, le titre de l'œuvre : *À la fenêtre d'un jour d'octobre.*

Aujourd'hui, à Martel, il fait très froid dehors et chaud dedans. Au contraire de ce jour d'octobre où, fenêtre ouverte à l'*Eden Roc*, il faisait doux dehors alors que je grelottais du cœur.

Écrire m'a nettoyé la grisaille des jours d'avant pour m'immaculer l'esprit...

L'isatis est un renard dont le pelage, gris l'été, devient blanc en hiver.

Les dernières lignes de ce roman vont m'emporter à nouveau dans l'imaginaire puisque l'action qui va suivre se déroule en janvier 1997, qui n'a pas encore commencé.

Sachez qu'au bout de ces lignes je guetterai encore pendant un mois la jeune fille au béret noir qui pourrait descendre du train à l'arrêt en gare de Brive.

On ne sait jamais...

Elle se hâta de remonter le wagon vers la sortie. Je l'apercevais en travelling du quai numéro deux où j'étais venu l'attendre. On m'avait annoncé une jolie jeune journaliste, venant faire le premier article sur mon livre à sortir.

« Salut, fit-elle en guise de présentation. C'est loin chez vous. »

Sans point d'interrogation. Ce qui me permit de la voir faire un peu la moue quand je lui annonçai que « chez moi » était encore plus loin. Trente kilomètres au sud.

Les travaux de la nouvelle autoroute m'avaient conduit à ne pas emprunter le chemin traditionnel. Le Hasard nous fit prendre la route de Turenne, et bien entendu elle me demanda quel était ce château qu'elle apercevait au loin.

Je lui répondis que c'était le château où justement se déroulait l'action du roman pour lequel elle venait m'interviewer, et dont je ne lui avais encore dévoilé ni le sujet ni le titre.

Et puis, comme dans toutes les conversations de gens qui n'ont pas encore grand-chose à se dire, je lui demandai son signe astrologique.

« Cancer, de juillet », précisa-t-elle.

La question du jour, qui me brûlait, je n'eus pas le temps de la poser.

Elle demanda : « Et vous ?

– Scorpion, de novembre... Le 14. »

Elle avait blêmi d'un coup. Je m'inquiétai.

« Ça ne va pas ? Les virages peut-être. Je vais m'arrêter. »

Je me garai sur le bas-côté. À nos pieds, à vol de piaf, s'étalaient le parc et le château.

Elle prit une longue respiration et raconta sans que je l'interrompe. D'ailleurs l'aurais-je voulu que je n'aurais sans doute pas pu.

« Le 14 novembre est à la fois un jour terrible et merveilleux pour moi et ma famille.

« Ce jour-là, c'était en 1976, je n'étais pas encore née,

mes parents ont vécu une journée horrible. L'avion dans lequel avait pris place ma mère pour rejoindre mon père qui venait de s'installer à Waterville, en Irlande où je suis née, s'est abîmé en mer.

« Ce n'est que plusieurs heures plus tard qu'on la retrouva dérivant, mais sauve, et miraculeusement seule survivante du crash !

« Hélas, mon père avait déjà reçu le télégramme l'informant de l'accident... Il s'était précipité dans l'eau du haut d'une falaise de plus de dix mètres et sa tête avait heurté les rochers.

« Après un mois de coma, il revint à lui, mais avec quelques absences et un langage d'enfant, qu'il a toujours d'ailleurs.

« C'est à la fois terrible et merveilleux puisque finalement tous les deux étaient en vie, ce qui justifie ma présence aujourd'hui.

« Cela ferait un beau roman, si ce n'est que depuis, à part notre bonheur parfait, il ne s'est rien passé d'extraordinaire. Mais le bonheur ça ne se raconte pas. J'ai passé ma vie à étudier les plantes et les oiseaux, et c'est une camarade de Paris où je poursuis mes études qui m'a demandé de la remplacer pour venir faire cette interview... Je ne connaissais pas la région, ça tombe bien... Il doit y avoir de beaux paysages par ici. C'est bizarre, je me sens un peu chez moi. »

Comme je ne répondais pas, elle ajouta : « Mais je parle, je parle, et je m'aperçois que mon histoire vous a peut-être ennuyé. »

Je réussis à articuler : « Pas du tout...

– Il fait chaud dans votre voiture », reprit-elle.

Elle enleva son béret noir, et de longs cheveux roux et or glissèrent sur ses épaules. Elle dégrafa deux boutons de sa chemise et je pus apercevoir la tache rouge sur la peau à la place du cœur...

Elle lança rieuse : « Je m'aperçois aussi que j'ai oublié de me présenter. J'ai un prénom très rare, paraît-il. »

Martel, le 31 décembre 1996.

Cet ouvrage a été réalisé
par la Société Nouvelle Firmin-Didot
Mesnil-sur-l'Estrée
pour le compte des Éditions Denoël
en mars 1997

Dépôt légal : avril 1997
N° d'édition : 8038 – N° d'impression : 37736

Imprimé en France